薄煤层采煤机螺旋滚筒性能分析及其关键技术研究

Performance Analysis and Key Technology Research on Spiral Drum of Thin Seam Shearer

田 震 高 珊 著

科学技术文献出版社
SCIENTIFIC AND TECHNICAL DOCUMENTATION PRESS

·北京·

图书在版编目（CIP）数据

薄煤层采煤机螺旋滚筒性能分析及其关键技术研究 = Performance Analysis and Key Technology Research on Spiral Drum of Thin Seam Shearer / 田震，高珊著. —北京：科学技术文献出版社，2022.11
　　ISBN 978-7-5189-9093-1

Ⅰ.①薄…　Ⅱ.①田…　②高…　Ⅲ.①采煤机—研究　Ⅳ.①TD421.6

中国版本图书馆 CIP 数据核字（2022）第 061254 号

薄煤层采煤机螺旋滚筒性能分析及其关键技术研究
Performance Analysis and Key Technology Research on Spiral Drum of Thin Seam Shearer

| 策划编辑：张　丹 | 责任编辑：赵　斌 | 责任校对：张永霞 | 责任出版：张志平 |

出　版　者	科学技术文献出版社
地　　　址	北京市复兴路15号　邮编 100038
编　务　部	（010）58882938，58882087（传真）
发　行　部	（010）58882868，58882870（传真）
邮　购　部	（010）58882873
官 方 网 址	www.stdp.com.cn
发　行　者	科学技术文献出版社发行　全国各地新华书店经销
印　刷　者	北京虎彩文化传播有限公司
版　　　次	2022 年 11 月第 1 版　2022 年 11 月第 1 次印刷
开　　　本	710×1000　1/16
字　　　数	202千
印　　　张	12
书　　　号	ISBN 978-7-5189-9093-1
定　　　价	58.00元

前　　言

　　螺旋滚筒作为采煤机的工作机构，承担着破煤和装煤的任务，其工作特性的优劣决定了采煤机能否高效、安全地进行生产作业。本书用理论分析、数值模拟及试验研究相结合的方法，从截割和装煤这两大任务出发，对螺旋滚筒的工作特性进行了研究。同时，对采用不同型号螺旋滚筒的采煤机动态特性进行了分析。

　　本书建立了薄煤层采煤机螺旋滚筒破碎过程的有限元模型，对螺旋滚筒破煤规律进行深入分析，并对螺旋滚筒上不同位置截齿的载荷特性进行了比较分析。采用 MATLAB 与 VB 编制的采煤机工作机构优化设计及载荷计算软件对影响螺旋滚筒截割性能的因素进行了分析，找出了不同影响因素下滚筒载荷波动、功率消耗、截割阻力矩以及截割比能耗等性能指标的变化规律。同时，利用软件生成的滚筒载荷曲线为后续动力学仿真提供了外部激励。

　　本书建立了薄煤层采煤机螺旋滚筒装煤的离散元模型，解决了螺旋滚筒与煤壁的耦合以及离散元仿真中各参数的合理选择等关键问题；通过跟踪和统计装煤过程中颗粒质量、速度分布及变化，找出了螺旋滚筒结构及运动学参数等因素对煤流运动规律的影响；对多因素影响下的螺旋滚筒装煤过程进行正交试验，确定不同因素对螺旋滚筒装煤性能的影响权重。

　　本书通过多软件协同仿真平台构建薄煤层采煤机刚柔耦合多体模型，分析不同型号螺旋滚筒所受载荷对薄煤层采煤机动态特性的影响，得到了关键零部件的动应力分布规律；通过构建应力－可靠度隶属度函数，对不同工况条件下采煤机关键零部件的动态可靠性进行了分析与预测；运用子结构模态综合法（CMS）对不同测试点加速度与模态振动的相关性进行了分析。

本书根据某矿煤样的物理机械性质测试结果，对 A、B 两型号螺旋滚筒的综合性能进行了分析，并将理论计算、数值模拟结果与 MG400/951-WD 型采煤机工业性试验测试结果进行比较。研究结果表明：改进后的 B 型螺旋滚筒具有良好的煤岩适应性，采煤机工作过程中的稳定性及可靠性较高；螺旋滚筒的实际装煤率与数值模拟结果基本符合，证明了研究方法的正确性与可行性。

目　　录

1 绪 论

1.1 问题的提出背景

我国是世界煤炭生产和消费大国。2000—2013 年，我国煤炭产量持续高速增长，但自 2014 年以来，煤炭产能过剩、市场需求不足等多重因素造成的煤炭供大于求的现象日趋明显，其中 2015 年全国原煤产量 36.95 亿 t，同比下降了 3.5%[1-2]。长远来看，在我国推行新能源战略以及节能减排的大背景下，煤炭在未来天然能源结构中所占的比重将有所下降，但以煤炭为主体的能源消费结构仍很难改变[3-6]。因此，现阶段虽然是煤炭经济运行困难时期，但也是煤炭企业通过技术革新来提高自身竞争力的一个黄金时期。

我国薄煤层煤炭储量在全国煤炭总储量中占有较大的比重，但由于受煤层开采特点及技术条件等因素限制，国内对薄煤层煤炭资源开采的重视程度有待进一步提高[7-8]。目前，薄煤层开采主要有炮采和机采两种方式[9-12]。由于薄煤层炮采工艺技术落后、生产效率低、劳动强度大、作业环境差，不符合科学发展和以人为本的时代要求，因此必须以机械化、自动化及信息化的安全高效开采为手段，研究和推广薄煤层高效综采技术。在薄煤层采煤机械中，由于刨煤机对煤层赋存条件要求比较严苛，其破碎夹矸的能力较滚筒采煤机差，不能随煤层厚度变化而调整采煤高度；同时由于其截割比能耗大、刨头故障率高，因此在我国仍没有大范围的推广应用。滚筒式采煤机对煤层条件有较强的适应性，且三机配套后能极大提升煤炭生产机械化及自动化程度，同时煤炭生产能力、生产效率也能得到明显提高，使得其在我国的薄煤层机械化开采中应用范围较广。

由于薄煤层赋存条件不稳定、工作面空间狭小、环境恶劣，实现机械化开采对机械设备性能要求较高。螺旋滚筒作为采煤机的工作机构，承担着破煤、装煤及除尘等任务，采煤机装机功率绝大部分消耗在螺旋滚筒截割煤岩过程当中。因此，螺旋滚筒设计是否合理将直接影响截齿受力及其波动、截割比能耗、块煤率、装煤率及生产效率等性能指标。此外，在复杂工况下采煤机如行星架等薄弱环节的可靠性研究也是关乎煤矿高产高效的重要课题。生产实践经验表明：由于螺旋滚筒设计不合理导致各类机械、液压和电气故障时有发生，给煤矿工人安全以及生产企业经济造成巨大影响和损失。如采煤机截割过程中尤其在截割复杂煤层时受到的非线性冲击载荷极易造成截割部中齿轮传动系统发生损坏，其中 2007 年，神东某矿在开采过程中，采煤机右摇臂齿轮传动系统出现故障，由于井下环境复杂、维修不便，最终对整个截割部摇臂传动系统进行了更换，此次故障不仅造成了数百万元的经济损失，而且严重影响了正常生产的进度，造成严重的生产事故；2012 年，某矿综采工作面，由于滚筒长时间截割岩石造成采煤机超负荷运转，使轴承散架抱死而影响正常生产。采煤机传动系统中齿轮箱故障率也较高，尤其是行星减速机构极易发生故障，如图 1.1 所示。据对神东矿区近年来采煤机摇臂齿轮箱故障率的统计结果显示[13]：摇臂齿轮箱故障占采煤机故障的 34% 左右，并且呈现逐年上升的趋势。

(a)   (b)

图 1.1　采煤机行星机构故障

　　薄煤层采煤机滚筒装煤效果不理想也是影响生产效率和井下安全的一个突出性问题。如图 1.2 所示，由于滚筒装煤效果不佳，工作面残留了大量浮煤，截割后产生的残留浮煤需要人工清理。若浮煤不能及时清理，不仅影响综采设备的工作效率，当风速过大时还会造成浮煤飞扬，不利于井下除尘工作开展，严重危害工人健康。

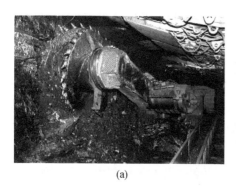 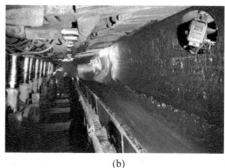

（a） （b）

图 1.2 采煤机截割后残留浮煤

采煤机频发的机械故障以及滚筒装煤效率较低反映出我国在螺旋滚筒设计方法和薄煤层采煤机动态可靠性研究等方面存在着严重不足，如何设计出高性能螺旋滚筒、提高螺旋滚筒工作性能对提高我国薄煤层机械化生产程度、实现我国煤矿开采的高产高效具有重要意义。

1.2 相关技术的国内外研究现状

1.2.1 螺旋滚筒截割性能的研究现状

螺旋滚筒是采煤机的工作机构，其主要通过分布在螺旋叶片上的截齿对煤层进行切削并使煤岩块体剥落。截割能力是评价螺旋滚筒工作性能的一个重要指标，截割性能的优劣对采煤机生产率、截割比能耗、工作面粉尘量、工作平稳性等方面有着重要的影响。

国外对截割性能开展研究较早，其中苏联学者别隆和保晋等[14-15]在 20世纪 50 年代通过对"刀型"刀具的破煤过程进行大量的试验研究，并提出了"密实核"理论，研究指出刀具楔入煤岩体时，在压力作用下刀具局部煤岩被压碎成为粉末，形成逐步发育增大的密实核，当密实核沿着前刃面飞出后，使刀具与煤岩的接触面积逐渐增大，并最终实现煤岩体的崩落，同时根据试验结果分析了不同因素对切削力的影响，并给出了相关计算的理论公式。Evans[16-17]于 1984 年给出了"镐型"刀具破煤时的力学模型，并对煤岩体在切削作用下的破坏形式及其受力进行了分析。Muro 等[18]于 1997 年对正弦波以及三角波两种形式的振动截齿进行了试验研究，找出了截割比能耗随牵引速度变化的规律。Dolipski 等[19]于 2001 年提出牵引速度和煤岩硬度的大小对截齿受力有重要影响，可根据滚筒上动态载荷的大小控制采煤机的牵引速度，并在 KSW-500 型采煤机上进行了相关试验。Jaszczuk[20]于 2001 年提出采煤机截齿所受到的动态载荷不仅受到滚筒的设计、滚筒转速以及牵引速度的影响，还受到牵引角度和机身定位的影响，并通过在波兰煤矿进行试验，将上述影响因素对载荷的作用进行了定量分析。Tiryaki[21]于 2001 年开发了一种新型的采煤机滚筒及掘进机截割头设计软件，与以往的辅助设计软件相比，该软件在对截齿受力预测时考虑了切削力系数方程，通过对比得出每线一齿结构更适合截割头的设计。Loui 等[22]于 2005 年利用有限元软件对截齿温度变化规律进行了研究，找出了截齿表面温度与滚筒转速、牵引速度之间的关系。Gajewski 等[23]于 2011 年通过对不同磨损状态的镐型截齿（简称"镐齿"）、刀型截齿进行截割试验，得到不同截齿截割煤岩时的截割功率和扭矩分布规律。Su 等[24]于 2011 年利用三维离散元软件 PFC 对截齿在匀速直线截割时的过程进行数值模拟，研究发现利用离散单元法仿真得到的截齿受力大小与截割数据能够较好吻合，同时提出利用离散元仿真能够实现对截齿截割性能的预测。Bakar 等[25]于 2013 年通过对干燥和潮湿两种状态下的煤岩进行了截割试验，获取了截割岩石过程中截齿受到的轴向切割阻力和径向切割阻力，其中在干燥条件下轴向切割阻力比潮湿条件下小 9.9%，而径向切割阻力小 9.4%，与理论相符。Van Wyk 等[26]于 2014 年对不同形状截齿恒速截割煤壁的过程进行了数值模拟，获取了截齿在 3 个方向上的受力大小，找出了切削深度以及刀具磨损对截齿受力的影响规律。Reid 等[27]于 2014 年提出了利用扩展卡尔曼滤波器进行间接识别截齿受力动态的方法，并通过数值模拟验证了该方法的正确性。Dewangan 等[28]于 2015 年对 WC-Co 材质的截齿进行了截割试验，通过 SEM（扫描电镜）和 EDS（能量色散型 X 射线光谱法）对选定区域的磨损表面的物质浓度进行检测，分析了安装角度以及煤岩条件对截齿磨损的影响。

我国学者自 20 世纪 80 年代以来对滚筒截割性能也开展了大量研究工作，其中李跃进[29-30]于 1986 年提出采用随机过程模拟采煤机截齿上的载荷的方法，并对载荷及峰值载荷进行了模拟。牛东民[31]于 1987 年对截齿截割机制进行了分析，找出了滚筒所受载荷特性与滚筒相关结构参数之间的关系，并指出截齿排列方式对滚筒载荷波动的影响最大。陶驰东等[32]于 1989 年建立了滚筒截割试验台，通过试验得到了截割深度、截齿安装角度、截线距对载荷的影响。姚玉君等[33]、李晓豁等[34]于 1994 年根据破煤理论给出了截割头平均载荷的数学模型,并采用计算机程序对其进行了模拟。蔡大文等[35]于 1995 年采用有限元软件 GIFTS 对刀型截齿进行了应力可靠性分析,并找到了应力较大位置。王启龙等[36]于 1999 年对两头、三头螺旋滚筒进行了模拟截割试验,在试验中发现两头螺旋滚筒的扭矩比三头的要小,但波动范围却增大。韩振铎等[37]于 2000 年采用计算机模拟的方法编制了采煤机滚筒载荷谱程序,其计算得到的载荷谱与实测载荷谱具有较高的相似度。王春华等[38-40]在 2001—2002 年,采用截割试验台对刀形截齿截煤性能进行了研究,找到了截割过程中崩落角、截齿三向力以及截槽面积与截割深度的关系。刘春生等[41-44]在 2002—2012 年在分析镐齿安装角对其受力和截煤影响的基础上推导出煤岩属性、截齿参数与安装角之间的关系,并采用分形几何方法分析了截齿截割性能。刘送永等[45-48]在 2008—2009 年对采煤机运动学参数、截齿排列形式与块煤率之间的关系进行了大量研究,找到了其与块煤率、截割转矩之间的关系。姬国强等[49]于 2008 年提出采用显式动力分析程序 LS-DYNA 对镐齿进行动力学仿真并对不同截割速度、截割厚度、截割锥角以及安装角度下的三向力进行了对比分析。董瑞春[50]于 2010 年分别采用 LS-DYNA 对掘进机截割头破岩过程及采煤机滚筒的截割过程进行了模拟,并对截割过程中截齿和煤岩体的应力进行了分析。陈颖[51]于 2010 年采用动力学仿真软件分析了采煤机滚筒负载对截割部可靠性的影响。赵丽娟等[52]于 2011 年采用 LS-DYNA 模拟了采煤机滚筒截煤过程,找到了较适合薄煤层采煤机滚筒的截齿排列方式。陆辉等[53]于 2013 年采用 LS-DYNA 对 4 种滚筒进行了截煤模拟,得出镐齿受力曲线,并用 UG/NASTRAN 将受力曲线加载在截齿上进行疲劳寿命分析。罗晨旭[54]于 2015 年对滚筒截割不同性质煤层时的截割性能进行试验研究,得到了滚筒在时域内的截割载荷,找出了煤岩性质与冲击载荷之间的关系,并对影响截割比能耗、块煤率等指标的参数进行了分析。

国内外学者从不同角度对螺旋滚筒的截割性能进行了研究,并取得大量的研究成果。但他们主要研究的是截齿受力状态,而未对多种因素影响下螺旋滚筒截割性能变化规律进行研究;另外,由于试验条件限制,只能针对截割某一特定人工煤壁的螺旋滚筒性能进行研究,而无法对多工况下螺旋滚筒截齿受力状态进行研究,不能全面反映滚筒的截割性能。因此,对于螺旋滚筒在多种因素影响下、多工况条件下的截割性能有待进一步的研究。

1.2.2 螺旋滚筒装煤性能的研究现状

螺旋滚筒在对煤层进行切削并使煤岩块体剥落后，利用螺旋叶片将破碎后的煤岩体装运到刮板输送机上，螺旋滚筒装煤效果的优劣影响着采煤机生产效率以及工人劳动强度等众多方面。因此，装煤性能是评价螺旋滚筒工作性能的一个重要指标。

联邦德国瓦尔朱姆矿[55-56]于1975年通过试验对比发现：当叶片头数由两头增加到三头时，截割能耗降低了16%左右；当叶片由三头增加到六头时，螺旋滚筒的装煤能力也有大幅提高，相同功率下，滚筒的采煤能力能提高到10%左右，而截割能耗则降低40%左右。Brooker[57]于1979年对不同滚筒结构参数、运行参数条件下螺旋滚筒的装煤性能进行了分析，同时分析了相关结构参数直线的相互关系，并给出其取值范围及计算方法。联邦德国埃森采矿研究院[58-59]通过对不同结构以及运行参数下的螺旋滚筒进行了研究试验，研究发现：当筒毂增大后，单位能耗也会增加；小范围截深的增加对装煤效率的影响较小，随着螺旋叶片升角的增加，螺旋滚筒的排煤能力增加，但螺旋叶片升角也不能过大。Morris等[60]于1980年对螺旋滚筒在不同条件下的装煤性能进行了分析与预测，并将该项技术应用到滚筒的设计中，取得了较好的效果。Ludlow等[61]于1984年分析了叶片包角对螺旋滚筒装煤性能的影响，指出了叶片包角过大或过小对螺旋滚筒装煤效率的不利影响。Hurt等[62]于1988年在螺旋滚筒的生产和试验过程中分析了滚筒结构参数及采煤工作面参数对装煤性能的影响。Ayhan[63]于1994年通过试验研究了影响采煤机截割性能和装煤性能的相关因素，同时分析了刮板运输机到煤壁的距离变化对滚筒装煤能力的影响。Ayhan等[64]于2006年对采用锥型和圆柱型两种形状筒毂的螺旋滚筒进行截割试验，比较分析了两种形式滚筒的截割性能和装煤性能。最近几年，国外针对螺旋滚筒装煤性能进行试验的研究较少，而对螺旋输送机的理论研究以及试验研究较多，由于螺旋滚筒装煤采用的是螺旋输送原理，因此对螺旋输送机的研究对分析滚筒装煤性能也有较大的参考价值。

张守柱[65]于1982年对煤块在螺旋叶片作用下的运动学进行了分析，指出了不同直径滚筒的最佳转速。程东棠等[66]于1988年对螺旋滚筒落煤和装煤性能进行了研究，提出了滚筒不发生堵塞时其临界转速的数学模型，并根据叶片的抛煤距离范围提出了使煤块抛入到输送机溜槽内时螺旋滚筒的最高转速，为螺旋滚筒运动参数的合理匹配提供了参考。胡应曦等[67]于1988年通过对滚筒性能指标进行分析后，应用约束降维法建立了能够使滚筒结构和运行参数合理匹配的数学模型。李俊海等[68]于1990年根据因次分析的矩阵法推导出了滚筒相似准则，提出了同时能够满足装煤效率和截割效率时螺旋叶片升角的最佳范围。雷玉勇等[69]于1991年对应用在极薄煤层中的小直径滚筒采煤机的装煤效率进行了实验研究，分析了滚筒结构参数对装煤量、装煤效率及截割比能耗的影响关系。王传礼[70]于1996年设计出一种变螺旋叶片升角的滚筒，并通过对新型螺旋滚筒的装煤实验进行研究，建立以螺旋滚筒装煤生产率为目标函数的优化数学模型，对相关结构和运动参数进行优化选择。刘庆云等[71]于1997年根据采煤机设计的实际经验，运用对称系数法对滚筒筒毂和螺旋叶片进行了研究，指出变螺距叶片和箕斗状曲母线可以提高叶片的排煤性能及装煤效果。吕宝占等[72]于2002年通过建立采煤机模糊优化数学模型，确定约束条件后进行求解，使优化设计结果更加贴近采煤机的实际生产。张囡等[73]于2002年设计出一种采用了倾斜螺旋叶片的新型滚筒，利用空间解析几何建立了叶片的数学模型，并对煤块的运动进行了分析。王德春[74]于2006年通过对采煤机和运输机的配套问题进行分析，发现两者之间合理的配套尺寸能够提高采煤机的装煤效率并能较大限度地增加产煤量。陶嵘等[75]于2007年根据采煤机螺旋滚筒截齿及叶片等设计理论，利用C++语言进行软件编程，实现了螺旋滚筒的CAD参数化设计。刘春生等[76]于2007年对螺旋滚筒的装煤机制进行了研究，通过对抛煤流量矩、叶片倾斜推力等进行分析，实现了对螺旋滚筒装煤性能的预测与评估，为螺旋滚筒设计提供理论参考。赵宏梅等[77]于2008年通过量纲分析方法推出了螺旋滚筒装煤的相似准则，根据相似理论设计出模拟滚筒模型，并证明了对螺旋滚筒的装煤性能进行模拟实验的正确性。李宁宁等[78-79]于2009年建立了螺旋叶片参数与滚筒装煤效率之间的数学模型，并利用SUMT内点惩罚函数对模型进行优化分析。同年，李宁宁又以某型采煤机滚筒为例，采用遗传算法对数学模型进行优化分析，得到滚筒转速与螺旋叶片升角的最佳值，使该采煤机滚筒的装煤率提高约8%。佟海龙等[80]于2011年利用研制的微缩采煤机沙盘模型研究了滚筒转速、牵引速度和轮毂外形角度对采煤机滚筒装煤性能的影响，并利用偏最小二乘回归法得到了装煤效果回归数学模型。LIU等[81]于2011年通过煤岩截割试验发现：3个影响因素中螺旋叶片升角对滚筒装煤效率的影响最大，而牵引速度对滚筒装煤效率的影响最小。高魁东[82]于 2014 年利用理论解析法和 PFC 仿真相结合对影响滚筒装煤效率的因素进行了分析，通过正交试验分析了牵引速度、滚筒转速及螺旋叶片升角对装煤效果的贡献程度。赵武等[83]于 2015 年为解决薄煤层采煤机装煤效率低的问题，设计出不同结构的螺旋滚筒并对摇臂分布方式进行改进，试验结果表明采用该方法后采煤机的装煤效率得到了较大限度的提高。

国内外专家学者在对螺旋滚筒装煤性能研究中所采用的方法不同，国外研究以现场试验为主，能够直接指导井下生产以及螺旋滚筒设计，但其研究侧重点多为中厚煤层采煤机，而对薄煤层采煤机螺旋滚筒装煤性能的研究较少。由于我国薄煤层井下开采条件复杂，难以从现场获取有用的数据资料，而进行实验室截割试验又需要大量的资金投入，且人工煤壁不能真实反映实际煤层所具有的性质，所以目前国内研究多以理论计算为主，缺乏试验验证。

1.2.3 采煤机动态可靠性的研究现状

螺旋滚筒在截割含硬质包裹体或多层夹矸的复杂煤层时将受到非线性冲击载荷的作用，采煤机在强大冲击作用下将会产生剧烈振动，过于强烈的振动不仅影响采煤机的稳定性，还会对采煤机机械、液压以及电气系统可靠性产生不利影响[84]。

Tiryaki[85]于 2000 年为分析采煤机截割时的动态特性，通过计算机编程编制出能够分析采煤机横向和纵向振动的计算机程序，对影响采煤机振动的相关因素进行分析，并对两种不同截齿排列方式的滚筒进行截割试验，试验结果表明软件的计算结果能够较好反映采煤机的工作状态。Dolipski 等[86]于 2000 年对采煤机功率与牵引速度变化之间的分布规律进行了研究，推断出了滚筒截割功率消耗与牵引速度之间的关系。Antoniak 等[87]于 2003 年利用计算机编程对螺旋滚筒受力及采煤机的工作可靠性进行了分析，找到了牵引速度对采煤机可靠性的影响，指出通过控制牵引速度来保证采煤机的可靠性。Mustafa 等[88]于 2005 年研究了不同截齿布置方式的滚筒对采煤机整机振动的影响规律，试验结果表明两种滚筒截割煤层时采煤机振动及可靠性方面并没有明显的差异。Seyed 等[89]于 2011 年通过对某采煤机 19 个月内的故障和维护数据进行相关性检验，发现故障数据是独立分布的，且故障间隔时间（TBF）和恢复时间（TTR）数据服从对数正态分布和韦布尔分布。Hoseinie 等[90]于 2012 年对采煤机关键系统可靠性进行分析，建立了采煤机可靠性评估的数学模型，以伊朗塔巴斯煤矿中采煤机故障数据为例，分别采用齐次泊松过程和非齐次泊松过程对每个子系统的可靠性进行建模，测试并验证了 TBF 数据的独立同分布。

我国学者对采煤机动态特性也进行了大量理论研究，其中李明等[91]于1995年利用有限元和模态综合技术将采煤机摇臂结构分成两个子结构，采用固定界面法对子结构进行求解，得到了采煤机摇臂的动态特性。廉自生等[92]于2005年通过传递矩阵法建立了采煤机牵引部传动系统的振动模型，计算得到传统系统的固有频率以及模态柔度，分析了牵引部传动系统的动态可靠性，为改善传动系统的性能提供了依据。焦丽等[93]于2007年根据采煤机的实际工作状态，建立了双滚筒采煤机的动力学模型，为研究滚筒采煤机的动态性能奠定了基础。

自20世纪80年代以来，一些发达国家逐渐将多领域协同建模与仿真技术应用到复杂机械动态特性的研究当中。随着研究的不断深入，该项技术在采煤机械设计及可靠性分析中的成功应用弥补了煤炭企业在采煤机械动态优化设计、可靠性研究与预测等方面的不足。如艾柯夫采用虚拟样机技术对采煤机整机进行了有限元分析，对分析中的薄弱环节进行了优化，提高了整机的性能，2009年更凭借该技术打入中国市场[94]。一些大型采煤机械厂家如久益、艾柯夫、DBT 等采用该技术提高了采煤机械设计的系统级性能，其产品性能得到了普遍好评。国内的一些专家学者利用虚拟样机技术对采煤机进行动力学分析也取得了一定的研究成果，其中吴彦[95]于2003年采用 MSC. Patran 将采煤机截割部简化模型进行网格划分并对简化的滚筒进行加载，经过仿真得到了摇臂的应力分布。向虎[96]于2006年利用 Pro/E、AD-AMS 以及两者之间的接口软件建立了采煤机滚筒调高系统的虚拟样机模型，并对模型进行了仿真分析，最终实现了采煤机机械系统与液压系统的联合仿真。廉自生等[97-98]于2005年建立了采煤机摇臂的刚柔耦合模型，并采用阶跃、正弦负载模拟滚筒受力，进而对所建模型进行仿真分析；纪玉祥等[99]于2008年通过 UG 软件建立了采煤机的三维模型，将其保存为 Parasolid 格式后导入 ADAMS 中，建立采煤机整机的虚拟样机模型，通过施加阶跃信号对模型进行了仿真分析。邵俊杰[100]于2009年采用 Solidworks 建立了 MG900/2210-WD 采煤机的三维模型，并对摇臂、截齿等关键零件进行了有限元分析。在将虚拟样机技术应用到采煤机研究的早期受到了多种因素的限制，比如建立的模型多为简化模型，不能全面反映设备内部不同零部件之间力的传递；加之电脑硬件的限制无法进行复杂的刚柔耦合多体动力学仿真，致使仿真无法更接近真实环境。

自 2008 年以来，辽宁工程技术大学采掘机械装备与技术课题组将虚拟样机技术引入到煤矿机械动态特性分析方面[101-107]，通过采用刚柔耦合联合仿真的方法更为准确地反映出采煤机械实际工作状态，其中 2008 年与兖矿集团合作以辽源煤矿机械制造有限责任公司开发的薄煤层采煤机为工程对象，采用 MATLAB 研究了该采煤机截割富含包裹体薄煤层时的负载特性，采用动力学仿真软件 ADAMS 对该工况下采煤机截割部进行了动力学仿真并对关键零件的可靠性进行了分析，找到了薄弱环节并提出了优化方案，设计单位依据仿真结果对这些薄弱零件进行了改进，经过三轮修改后各薄弱零件均达到了较高的可靠度，改进后的采煤机在杨村矿经过长期的工作状态追踪，在追踪期间这些零件未出现任何故障，确保了物理样机的一次成功。在此之后，王铜[108]于 2009 年利用多软件构造的协同仿真环境对采煤机摇臂进行了动力学仿真，针对摇臂壳体局部受力过大、疲劳寿命较低的问题，对壳体进行了优化设计，同时完成了调高液压系统的溢流压力校核。赵丽娟等[109]于 2009 年利用有限元软件 ANSYS 和动力学软件 ADAMS 对采煤机扭矩轴分别进行了静力学分析和动力学分析，找出了扭矩轴工作过程中的最大应力分布。赵丽娟等[110]于 2010 年对复杂刚柔耦合多体系统建模与仿真中的关键技术进行了研究，解决了采煤机虚拟样机仿真中模型载荷的输入、约束的添加以及边界条件的确定等问题，为多体系统仿真的成功实现提供了依据。马联伟[111]于 2013 年为了更为真实的反映采煤机的工作状态，建立薄煤层采煤机整机刚柔耦合模型，对截割过程中摇臂及牵引部两壳体的应力、变形以及疲劳进行了分析。赵丽娟等[112]于 2015 年利用该技术对某一新型采煤机截割部振动特性进行了仿真研究，分析了传动系统对截割部振动的影响，根据分析结果对截割部传动系统进行了优化，提高了采煤机工作时的稳定性。现在该项技术已经拓展到刨煤机动态模拟、可靠性分析以及掘进机可靠性分析、截割头仿形模拟、振动分析等方面[113-115]。

在对采煤机动态可靠性的研究中应全面考虑螺旋滚筒结构和煤层条件，若单纯对某型号滚筒或单一煤层条件下采煤机的动态特性进行研究，不能全面反映出螺旋滚筒及采煤机的综合性能，影响采煤机的设计及定型生产。因此需要一种可以快速实现多工况条件下采煤机动态特性及采煤机可靠性预测的方法，这种需求迫在眉睫。

1.2.4 离散元数值模拟的研究现状

煤岩截割过程是一个多因素综合作用下的过程，建立在传统连续介质力学基础上的有限元法难以直接用于计算和模拟煤岩具体的截割、破碎过程，而要实现螺旋滚筒装煤过程的仿真就更困难。而通过离散元技术可将煤岩看作是由一系列离散介质组成的非连续整体，在外界作用下煤岩内部的离散介质间可以发生移动、旋转等运动，通过对离散介质的追踪能够有效获取外界作用下煤岩的变形及运动特征。

Cundall 等[116-118]于 20 世纪 70 年代提出离散元法并将其运用于岩石构造问题的相关研究。Souley 等[119-120]于 1996—1997 年通过 UDEC 数值和洞室围岩试验研究了岩石节理的力学行为，并讨论了不同节理本构模型对岩体稳定性的影响，发现岩石应力很少受到本构关系的影响，但位移很大程度上取决于应力的大小。Langston[121]于 1997 年利用离散元对粒子和容器尺寸匹配进行计算机模拟得到颗粒流动形态，并将其与传统摄影和伽马射线层析成像的数据进行了对比，同时研究了颗粒大小及形状对颗粒流空隙率、流速的影响。Cleary 等[122-123]于 1998—2000 年通过离散元建模，对球磨机内不同颗粒大小的颗粒流及旋转轨迹进行了分析，研究了颗粒之间以及颗粒与球磨机内壁件的相互作用力分布，并以其作为衡量破碎和磨损能力的标准。Van Nierop[124]于 2001 年通过离散元对球磨机进行仿真的结果与试验结果对比，发现利用离散元能够准确地预测低于某一特定速度下球磨机的功率以及内部颗粒的运动情况。Shimizu 等[125]于 2001 年为了检验螺旋输送机的性能，分别对水平、垂直螺旋输送机内的颗粒流进行了数值模拟，仿真结果能够与实践经验以及公式较好的吻合。Cleary 等[126-127]又于 2004 年和 2009 年对不同倾斜角、不同螺杆转速以及不同填充率条件下螺旋输送机的性能进行了数值模拟，分析了颗粒速度分布状态、装运率和能量消耗与上述三者之间的关系。Coetzee 等[128-129]于 2009—2010 年通过对结合颗粒物料进行剪切实验和压缩实验，运用离散元数值模拟对挖掘机挖掘土壤等物料时的动态过程进行仿真，得到了挖掘时土壤的受力分布及其流动状态。Shimosaka 等[130]于 2010 年将球形颗粒间的滚动摩擦应用到颗粒间相互作用的研究当中，其中滚动摩擦系数的大小取决于颗粒的形状和其旋转角速度的大小，运用离散元对不规则颗粒流进行分析得到的颗粒流形态与试验吻合良好。Fernandez 等[131]于 2011 年基于离散元数值模拟对螺旋输送机的输送物料过程进行了仿真，分析了螺杆对颗粒流质量、能量消耗、螺杆磨损以及颗粒与输送机之间摩擦等结果的影响。Galindo-Torres 等[132]于 2013 年利用离散元法对具有三维复合形颗粒组件的宏观剪切强度特性进行了研究，通过对具有各向同性与各向异性几何形状的颗粒组件进行三轴试验，发现了组件剪切强度的变化规律。Nicholas 等[133]于 2014 年对岩石水泥混凝土和烧结颗粒的研究发现胶合粒状材料的性能主要通过颗粒间的键合接触模型来实现，通过离散元数值模拟对两个弯曲的简支梁进行仿真得到其动态响应，研究结果为预测胶合材料的性能提供了一种重要的方法。Mechtcherine 等[134]于 2014 年通过对新拌混凝土的流动进行了离散元数值模拟，对模型中各参数进行了确定，得到了新拌混凝土的流变学特性。

我国对离散元相关理论的研究自 20 世纪 80 年代开始以来，也取得了快速的发展。其中王泳嘉等[135]于 1981 年就对随机松散颗粒的运动理论进行了研究，建立了相应的运动方程，并对单漏斗和多漏斗放矿进行了数值模拟，获得了岩石相关接触面移动和放出量等相关数据；王泳嘉[136]于 1986 年又提出将离散元和边界元进行耦合，将开挖附近且节理和裂隙被切割的部分岩体进行离散元划分，用离散元法模拟近场力；其余完整度高的岩体则被认为是连续体，用边界元法模拟远场力，该方法为进一步研究岩石力学提供了一种新的思路。戴庆等[137]于 1988 年利用离散元法对崩落矿岩在放出流动过程进行了研究，分析了底部结构承受外部载荷在流动过程中的变化规律。杨庆等[138]于 1990 年首次将离散元法应用到了边坡稳定性方面的研究当中，利用计算机生成离散单元的数据文件对太原钢铁（集团）有限公司矿业分公司峨口铁矿的台阶边坡进行了稳定性分析。陶连金等[139]于 1993 年利用离散元法对某Ⅱ级老顶采场上的覆岩层运动进行了研究，得到了岩体运动过程中的应力分布及其所形成的力学结构。尚岳全等[140]于 1994 年利用离散元技术对长江三峡磨子湾滑坡的形成过程进行了研究，经过模拟与试验的对比，验证了利用离散元法对斜坡变形破坏机制进行研究的准确性。古全忠等[141]于 1996 年通过对放顶煤采场上覆岩层的运动进行分析后，提出了利用有限元、离散元以及力学解析相结合的方法研究顶板运动，得到压力拱失稳时的变化特征以及影响顶板运动的因素。陶连金等[142]又于 1998 年在对岩体初始地应力场、边界条件以及地震载荷等数据分析的基础上，利用离散元模拟得到了地下洞室在地震载荷作用下的动态响应和周围岩体的变形与破坏规律。周健等[143]于 2005 年利用离散元仿真软件 PFC2D 建立混凝土框架的简化模型，解决了模型中相关参数的选取以及边界条件的施加等问题，并得到了框架结构倒塌过程中结构变化的过程。焦红光等[144]于2008年以离散元基本原理为依托，利用 VC＋＋预编开发出 SieveDEM 仿真程序，该软件可通过输入相关参数，实现筛分作业过程的二维仿真，仿真结果通过了实验室及工业性试验的验证。王桂锋等[145]于2010年利用离散元仿真软件建立了三维筛分模型并对其进行模拟仿真，得到了不同筛面结构、振动参数条件下振动筛的筛分效率。刘君等[146]于2013年通过对模型进行双轴试验获取密沙土地的相关物理参数后，利用 PFC 软件建立砂粒的离散元模型，对条形锚板上拔过程中地基的抗拔性能以及砂粒的运动规律进行了分析。刘彩花等[147]于2014年利用 EDEM 软件对不同形状弹槽的排屑过程进行了离散元数值模拟，得到了不同形状弹丸的排屑性能以及弹丸排屑性能与槽数之间的关系。范召等[148]于2014年通过对水平螺旋输送机的离散元仿真，得到了不同转速以及颗粒填充率条件下物料在输送机中的运动过程和颗粒的运动分布，找到了颗粒流在输送机内部的变化规律。孙新坡等[149]于2015年利用离散元法对岩石的崩塌过程进行了数值模拟，得到了不同性质崩塌体在崩落过程中的破碎过程和堆积形态，研究结果为崩塌灾害的防治提供了参考依据。胡陈枢等[150]于2015年通过离散元法对不同滚筒转速下颗粒的空间和运行分布形式进行了研究，找出了颗粒混合强度、颗粒能量以及滚筒转速之间的影响关系。

目前离散元技术的应用主要集中在搅拌、运输以及崩塌等方面，而离散元技术在煤矿开采中的应用鲜有报道。前人的研究成果虽为研究螺旋滚筒装煤过程的分析提供了一种思路和方法，但如何建立与实际赋存条件相似的煤壁模型并与螺旋滚筒进行耦合以及离散元仿真中各参数的合理选择等问题仍需要进一步研究。

1.3　论文研究的主要内容及意义

1.3.1　论文研究的主要内容

为实现薄煤层高产高效生产作业，某煤机公司设计出 MG400/951-WD 型电牵引采煤机，该采煤机采用过桥式布置形式，具有机面高度低、卧底充分、装机功率大等特点。虽然该采煤机采用了新型结构，但薄煤层采煤机开采过程中存在的问题如螺旋滚筒截割能力不足、装煤效果差以及零部件可靠性低等仍需进一步解决。为此，本文以该型采煤机为工程对象，采用理论分析、虚拟实验和试验研究相结合的方法，对以下关键问题进行了研究。

①通过单齿截割数值模拟实验对镐齿截割机制及其截割性能进行研究，分析镐齿在截割过程中的受力及煤岩体破碎过程，获取镐齿截割含有煤岩混合界面的煤岩体载荷谱及镐齿的应力分布云图；通过对螺旋滚筒破煤过程进行数值模拟，分析螺旋滚筒破煤过程中的动态响应，研究螺旋滚筒截割性能及其破煤规律，提取螺旋滚筒上各截齿的载荷谱，对不同位置截齿的载荷变化规律进行研究，为薄煤层采煤机螺旋滚筒的设计提供依据。

②采用 MATLAB 与 VB 编制采煤机工作机构优化设计及载荷计算软件，实现螺旋滚筒的初步设计及其截割性能评价。分析滚筒转速、牵引速度、螺旋叶片升角、叶片头数及截齿排列方式与截割功率、截割比能耗以及截割阻力之间的参数关系；生成螺旋滚筒瞬时负载曲线为采煤机动态可靠性分析提供外部负载。

③以离散元理论为基础，建立螺旋滚筒和煤壁的耦合模型，根据煤样性质确定煤壁模型中颗粒的相关参数；找出煤壁性质参数、滚筒旋向及转速、采煤机牵引速度等因素对滚筒装煤率的影响规律；通过跟踪和统计数值模拟中煤炭颗粒质量、速度分布及其变化规律来实现对螺旋滚筒装煤性能的评价。

④对某矿煤样的物理机械性质进行测定，根据测定结果对 A、B 两种型号螺旋滚筒的煤岩适应性进行分析，得到两型号滚筒截割总阻力矩、截割功率特性分布规律；结合对两种型号螺旋滚筒装煤性能的分析结果，确定截割能力强、装煤率高的螺旋滚筒型号，为 MG400/951-WD 型采煤机的螺旋滚筒选取提供依据。

⑤为研究螺旋滚筒设计对采煤机动态可靠性的影响，基于虚拟样机技术搭建薄煤层采煤机多领域仿真平台，对采用不同型号螺旋滚筒的 MG400/951-WD 型采煤机关键零部件动应力状态进行研究，采用正交试验和神经网络相结合的方法对采煤机关键零部件的可靠性进行分析与预测；获取该型采煤机工业性试验中相关数据，将理论分析、数值模拟结果与试验测试数据进行比较，分析与验证研究方法的可行性及结果的准确性。

1.3.2 论文研究的意义

①采煤机工作机构优化设计及载荷计算软件从截割机制出发，根据采煤机的实际工作状况量体裁衣，不但考虑了螺旋滚筒三向力、力矩曲线及相应波动系数、截割阻力矩、截割功率以及截割比能耗等反映切削性能的重要指标，还考虑螺旋滚筒截割性能对其他零件可靠性的影响。利用该软件与相应仿真技术相结合能够指导螺旋滚筒的优化设计，极大提高螺旋滚筒的设计及建模水平。

②将离散元仿真技术应用到螺旋滚筒装煤过程中煤流运动学分析当中，研究了不同结构参数和运动参数对螺旋滚筒的装煤性能的影响，分析了不同工况下煤炭颗粒速度分布规律以及不同因素对装煤性能影响的权重比例。研究结果对提高薄煤层采煤机螺旋滚筒装煤性能、实现薄煤层工作面高效生产提供一种新的方法。

③获取了螺旋滚筒在不同工况下的载荷样本，并对不同工况下采煤机关键零部件的动应力状态及其可靠性进行仿真。采用正交试验和神经网络相结合的方法对采煤机关键零部件的可靠性进行了分析与预测；对螺旋滚筒所受冲击作用下的采煤机振动特性进行了分析。研究结果解决了采煤机实际工作状态中多参数优化问题，对正处于设计阶段的产品性能的预测以及已经投产的采煤机械寻找最优运动参数均具有较强的指导意义。

④根据煤岩物理机械性质测定结果，对不同结构螺旋滚筒在某一特定煤层工作的适应性进行分析。将分析结果与试验数据进行比较，证明研究方法的正确性与可行性，为螺旋滚筒综合性能评价提供参考。

2 螺旋滚筒截煤与装煤理论基础

2.1 煤岩体物理机械性能及截齿截割机制

2.1.1 煤岩体物理机械性能

煤层按其形成原因分为原生性构造和次生性构造两类[151-152]，其中原生结构煤是由于煤层未受构造变动而保留了原生的沉积结构及其构造特征，这样煤层原生层理的保留就相对比较完整；次生性构造煤由于原生结构煤在地质动力作用下发生明显物理化学变化造成，这些变化引起了煤层的变化如煤层的破裂、厚度不均以及成分的变化。

煤岩物理性质中与开采密切相关的主要有容重和含水率。煤岩的容重是指单位体积煤的质量，根据煤岩的种类及其含水率的不同也会有所变化，煤的容重范围一般为 $1.25 \times 10^3 \sim 1.9 \times 10^3 \ \mathrm{kg/m^3}$，而岩石的容重范围为 $1.5 \times 10^3 \sim 2.7 \times 10^3 \ \mathrm{kg/m^3}$。含水率是指煤岩缝隙中含水重量与煤岩体重量之间的比值，一般而言，煤层含水率越高，采煤机械破煤时的功率消耗以及工作面粉尘浓度越低。

煤岩的机械性质决定了其力学性能，在机械性质中强度、接触强度以及硬度对煤岩力学性能的影响较大。强度是指矿岩抵抗压缩、拉伸及剪切等单向作用的性能，是衡量煤岩体抵抗外来破坏能力的重要指标。由于煤岩构造的不均匀性和不单一性，层理、节理、断裂、裂隙密度、煤岩湿度以及埋藏深度等都会影响煤岩强度。

抗压强度 σ_y、抗剪强度 σ_j 和抗拉强度 σ_1 关系大致如下：

$$\sigma_y : \sigma_j : \sigma_1 = 1 : (0.1 \sim 0.4) : (0.03 \sim 0.1)。 \tag{2.1}$$

目前多采用接触强度来分析煤岩体表面强度，其计算方法为

$$P_K = \frac{\sum_{i=1}^{n} P_i}{ns}。 \tag{2.2}$$

式中：P_K 为煤岩接触强度，MPa；P_i 为第 i 次测量时脆性破坏时的瞬间接触力值，N；n 为试验次数；s 为发生接触的面积，mm^2。

煤岩弹性是指作用在煤岩体上的外力消失后能恢复原来形状和体积的性质；塑性则是指在外力消失后，煤岩体形状和体积不能完全恢复的性质；脆性是指煤岩体受力后几乎不发生残余变形就受到破坏的性质。煤岩体弹性越高，破碎煤岩时消耗在煤岩体变形上的能量越大，煤岩越不易被破碎；当煤岩体具有较大塑性时，破碎煤岩或爆破均较困难，且需要消耗的能量也越多，反之破碎起来较容易。

在煤岩开采过程中涉及诸如地质条件和机械外力等多种因素的作用，很难用一两个机械性质来描述煤岩破碎的综合性能。1926 年，苏联学者普罗托季亚科诺夫为了量化不同煤岩体坚固性的差别，进而掌握破碎煤岩的难易程度提出了坚固性系数 f。按煤岩体在开采过程中被破坏的难易程度，将坚固性分为 6 个等级[153]，如表 2.1 所示。

表 2.1　煤岩体坚固性分级

煤岩体类型	软煤	中硬煤	硬煤	软岩	中硬岩	硬岩
坚固性系数 f	≤1.5	<1.5 ~ <3.0	≥3.0	≤4.0	<4.0 ~ <8.0	≥8.0

抗截强度 A 是反映煤岩体力学性能的一个综合指标，其公式为

$$A = \bar{Z}/h。 \tag{2.3}$$

式中：A 为抗截强度，N/m；$\bar{Z}$ 为平均截割阻力，N；h 为刀具的截割深度，mm。

由于影响煤岩体性能的因素众多，不同国家学者提出了各自对煤岩力学性能的评价指标[154]，如表 2.2 所示。

表 2.2　煤岩体综合评定指标

序号	关系式	作者	国别
1	$\delta_y = 10 \cdot f$	普罗托季亚科诺夫	苏联
2	$f = \delta_y/30 + \sqrt{\delta_y/3}$	巴隆	苏联
3	$A = 150 \cdot f$	索洛德	苏联
4	$A = 100 \cdot f$		
5	$A = 12 \cdot \delta_y$	H. A. МАЛЕБИЦ	苏联

续表

序号	关系式	作者	国别
6	$A = (6 - 7) \cdot \delta_Y$	—	捷克斯洛伐克
7	$A = (7 - 8) \cdot \delta_Y$	—	波兰
8	$P_K = 44 \cdot f^{1.5}$	—	—

2.1.2　镐齿的截割机制

采煤机在截割煤岩过程中，主要是通过螺旋滚筒上的截齿作用于煤岩体并使其崩落的。常用的截齿按其结构特征可分为刀型截齿及镐齿两大类，其中镐齿由于结构简单、吃刀量大且可在截割过程中自磨利，在现代采掘机械中得到广泛应用。镐齿结构如图 2.1 所示，由齿体和合金头两部分焊接而成。齿柄通过"U"型销固定在齿座上，该连接方式保证了截齿可在齿座中旋转，有利于截齿在截割过程中磨损均匀，从而达到保持截齿锋利的目的[155]。

齿体　　　合金头

图 2.1　镐齿结构

镐齿以速度 v_j 楔入煤岩体，当齿尖对煤岩的压力超过煤岩体的抗压强度时，煤岩体就会发生圆锥形状的破碎，如图 2.2（a）所示。随着截齿的进一步深入，圆锥面积也将进一步变大，从而在煤岩体内部形成张力。当图 2.2（b）中 ABCD 区域内张力的合力 2R 大于 AD、BC 两线处的拉应力时，就会在这两处形成裂痕，ABCD 区域内的煤岩体便会以有一定厚度扇形体的形状进行崩落，崩落顺序如图 2.2（a）所示。在实际工作过程中，截齿以截割速度 v_j、牵引速度 v_q 作用于煤岩，如图 2.2（c）所示。截齿的轴线与螺旋滚筒径向所形成的角为安装角 ψ，截齿在截割煤岩时会以该角度楔入煤岩，此时截齿的圆锥面将受到来自煤岩体的正压力 N 和摩擦力 μN，其合力为 P。为了便于分析，粗略地认为 P 的方向与截齿的轴线方向重合。将

力 P 沿着截割速度 v_j 和牵引速度 v_q 的方向进行分解，得到了相互垂直的力，它们分别是截齿的截割阻力 Z 和牵引阻力 i 。

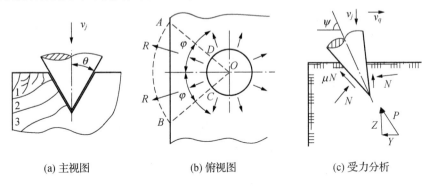

(a) 主视图   (b) 俯视图   (c) 受力分析

图 2.2 镐齿破煤机制

2.2 采煤机的组成及工作原理

采煤机是一个集机电液为一体的大型综采设备，随着煤炭工业的发展，人们对采煤机的研究也越来越多，不断开发出不同型号、不同系列的采煤机，应用到采煤机上的技术也越来越多，这也导致了采煤机的结构越来越复杂。目前全世界范围内，应用最广泛的采煤机械是双滚筒采煤机，尽管采煤机的系列和型号有多种，但其基本组成部分基本相同。MG2×70/325-BWD型电牵引采煤机的总体结构如图 2.3 所示。

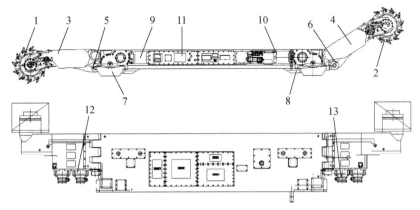

1、2—滚筒；3、4—摇臂；5、6—调高油缸；7、8—行走部；
9、10—牵引部；11—电控箱；12、13—截割电机

图 2.3 采煤机整机结构

双滚筒采煤机主要由截割部、牵引部、行走部和附属装置等部分组成[156]。采煤工作面的截煤和装煤作业主要由截割部来实现，截割部由截割电机、摇臂壳体、螺旋滚筒、内喷雾系统和弧形挡板等结构组成。采煤机的功率主要消耗在截割部上，所以截割部的动态特性决定着采煤机整机的性能，在采煤机的设计过程中应主要对截割部进行更深入的研究。

采煤机是通过滚筒的旋转来实现落煤和装煤作业的，端盘及螺旋叶片焊接在滚筒筒体上，截齿安装在齿座上，截割下的煤块由螺旋叶片装运到刮板输送机上。摇臂齿轮减速箱以及行星减速器将电机转速降低后驱动滚筒进行截割作业，来完成割煤、落煤、装煤一系列的动作。

采煤机在工作时的移动是靠牵引部提供动力进行驱动的，牵引速度变化直接导致工作机构上的瞬时负载发生变化，过大的载荷将影响整机的可靠性及工作性能。

电气控制系统用以实现对采煤机的操作和控制，以及实现对机器状态的检测功能、显示功能、保护功能等，其主要构成包括电控箱、无线电遥控装置、端头控制站等。

采煤机附属装置的主要作用是在采煤机工作过程中配合其他部件，完成整个采煤的过程，以达到安全高效采煤的标准。

采煤机工作原理如图 2.4 所示，牵引电机经过齿轮减速后驱动左右行走箱的行走轮进行转动，通过与输送机上的销轨进行啮合，推动采煤机沿工作面左右移动；截割电机经过齿轮减速后驱动左右滚筒进行割煤，其中通过调高油缸将前摇臂抬高一定的角度，前滚筒截割沿顶煤，而后摇臂则被降低一定的角度，后滚筒截割底煤；随着采煤机沿工作面的移动，来实现对工作面的截割作业，截煤、装煤、行走等一系列的动作配合，实现了采煤机的工作过程。

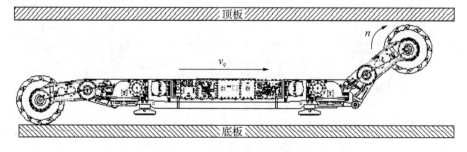

图 2.4　采煤机工作原理

2.3   螺旋滚筒结构参数

螺旋滚筒由筒毂、端盘、叶片、截齿以及齿座等组成[157]，如图 2.5 所示。螺旋滚筒结构参数主要包括滚筒直径、筒毂直径、滚筒宽度、叶片头数及螺旋叶片升角等。

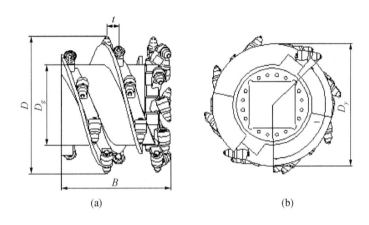

(a)   (b)

图 2.5   螺旋滚筒结构

（1）滚筒直径

当煤层厚度变化较大，需要确定煤层厚度的比值，即 $H_{max}/H_{min} = K_H$，此时滚筒直径不应小于煤层最大厚度的一半，如式 2.4 所示：

$$\begin{cases} D_c = \dfrac{1}{1+\eta}H, \text{且 } D_c \geqslant 0.5H_{max} \\ H = \dfrac{H_{min}+H_{max}}{2} \\ K_H = \dfrac{H_{max}}{H_{min}} \end{cases} \qquad (2.4)$$

式中：D_c 为螺旋滚筒直径，m；η 为螺旋滚筒的装煤效率，小直径螺旋滚筒装煤效率为 60% ~ 70%，大直径螺旋滚筒装煤效率为 70% ~ 80%；H 为采煤机开采煤层厚度，m；H_{max} 为煤层最大厚度，m；H_{min} 为煤层最小厚度，m；

当煤层厚度呈分段线性变化时，等效的平均煤层厚度可按下式进行计算：

$$H = \frac{\sum\limits_{i=1}^{n} \dfrac{(H_{imax} + H_{imin})L_i}{2}}{\sum\limits_{i=1}^{n} L_i}。 \tag{2.5}$$

式中：H_{imax}、H_{imin} 分别为趋于线性变化分段最大、最小煤层厚度，m；L_i 为趋于分段线性变化的分段长度，m。

（2）滚筒宽度

滚筒宽度是指在滚筒两端最外面齿尖的距离，截割宽度又称截深。在设计滚筒宽度时应充分考虑煤炭生产能力、设备配套关系，同时还应考虑煤层压张效应的影响以减小能量消耗。

（3）螺旋叶片参数

叶片的结构参数如螺旋叶片升角、螺距等参数对落煤和装煤都有着很大的影响，其中螺旋滚筒根据叶片的旋向不同又分为左旋和右旋两种形式，如图2.6所示。

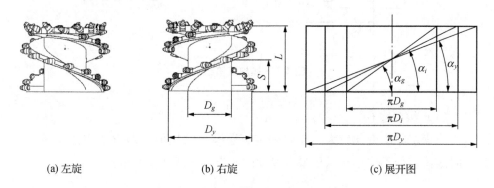

(a) 左旋　　　　　　　(b) 右旋　　　　　　　(c) 展开图

图2.6　螺旋叶片旋向及其展开图

螺旋滚筒上的任意直径 D_i 上螺旋叶片升角为 $\alpha_i = \arctan(L/\pi D)$，其中，$L$ 为螺旋线导程，$D_i > D_y > D_g$，所以叶片外缘的螺旋叶片升角 α_y 小于叶片内源的螺旋叶片升角 α_g，即 $\alpha_g > \alpha_i > \alpha_y$。

当螺旋滚筒转过角 φ 时，如图2.7所示，其所对应的圆弧长为 $D_i\varphi/2$，叶片的轴向推移量为 $D_i\varphi\tan\alpha_i/2$，则紧贴叶片表面的煤块相应的轴向位移为

$$h_m = \frac{D_i\varphi\sin\alpha_i\cos(\alpha_i + \rho_m)}{2\cos\rho_m}。 \tag{2.6}$$

式中：ρ_m 为煤与叶片的摩擦角，°。

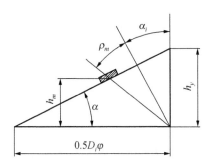

图 2.7 螺旋叶片升角计算

对式 2.6 进行求导，解得叶片的最佳升角为

$$\alpha_{opt} = \frac{\pi}{4} - \frac{1}{2}\rho_m。 \qquad (2.7)$$

由此可见，螺旋叶片升角仅与摩擦系数有关。当螺旋叶片取最佳升角时，煤块沿螺旋滚筒轴线方向的位移最大，若 α_g 取最佳升角，则截齿齿尖的螺旋线升角为

$$\alpha_\zeta = \arctan\left(\frac{D_g}{D_c}\tan \alpha_{opt}\right)。 \qquad (2.8)$$

螺旋滚筒每旋转 360°，从煤壁上破下的煤块应在螺旋叶片作用下至少能被推出长度为 B_y 的距离，如图 2.8 所示。

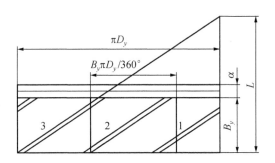

图 2.8 叶片相关参数之间的关系

为使煤块能够顺利从叶片与筒毂形成的包络区域排出，两叶片间距、螺距以及叶片高度之间的关系应满足以下条件：

$$\begin{cases} S\cos \alpha_y \geqslant 0.25 \sim 0.40 \\ 1.0 < \dfrac{2L}{Z(D_y - D_g)} < 4.4 \end{cases} \qquad (2.9)$$

围包角 γ_b 是指螺旋叶片在螺旋滚筒圆周方向上的展开角度，如图 2.9 所示。

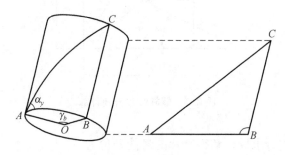

图 2.9　叶片围包角

在展开图上存在如下关系：

$$\overset{\frown}{AB} = \frac{\gamma_b \pi D_y}{360°}, \qquad (2.10)$$

$$\tan \alpha_y = \frac{CB}{AB}° \qquad (2.11)$$

式中：CB 为叶片高度 B_y，m；则：

$$\gamma_b = \frac{360° B_y}{\pi D_y \tan \alpha_y}° \qquad (2.12)$$

（4）截齿排列参数

螺旋滚筒上的截齿排列方式主要分为顺序式、交叉式、混合 I 式和混合 II 式。对于两头螺旋叶片的排列形式有顺序、交叉两种排列方式；对于三头叶片有顺序式、混合 I 式和混合 II 式 3 种排列方式，具体排列方式及切削图如图 2.10 所示。

图 2.10 中 t 代表截线距，是指相邻两条截线间的距离，其确定原则是使截槽之间不留棱条为依据，如图 2.11 所示。

对于一种特定的煤岩，其截线距 t 与临界截线距 t_{max} 应满足如下关系：

$$t \leqslant t_{max} = 2(h_{max} - r)\tan \varphi° \qquad (2.13)$$

由于 $r \ll h_{max}$ 则 $t \approx 2h_{max}\tan \varphi$ 。

如果已经测知工作面煤壁由表及里截割深度 B 范围内的抗截强度变化

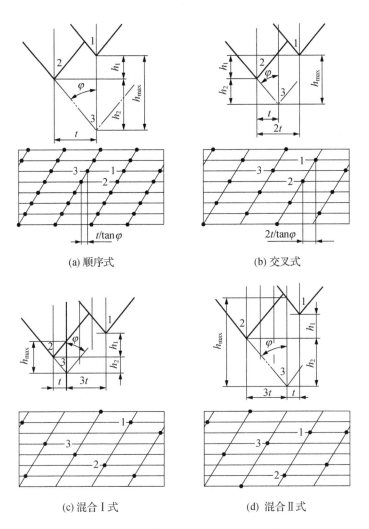

(a) 顺序式   (b) 交叉式

(c) 混合 I 式   (d) 混合 II 式

图 2.10　4 种截齿排列方式及其切削图

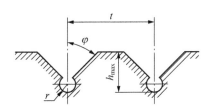

图 2.11　镐齿截线距

曲线，则可根据等强度理论对该曲线沿深度方向等面积划分 n 分（n 为总截线条数），然后选取各梯形区域的中线作为截齿的截线，这样便可以使每个截齿承受相同的截割阻力，其原理图如图 2.12 所示。对于端盘上截齿，由于其截割时始终位于煤壁内部，长期处于封闭或半封闭状态，工作条件恶劣，故应适当增加截线条数及截齿数量，该部分截齿数量应为叶片截齿数的 1~2 倍并采用交叉排列，以避免煤岩体过度破碎。

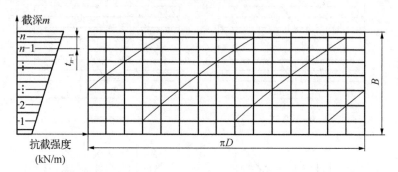

图 2.12　截线距确定原理

2.4　螺旋滚筒受力分析

2.4.1　镐齿单齿受力分析

采煤机截齿的主要工作对象为煤岩体，其截割时的受力简图如图 2.13 所示。滚筒上某一与煤岩接触的截齿将受到截割阻力 Z_j、牵引阻力 Y_j 及侧向力 X_i，当截割介质不同时截齿受力的计算公式也将不同[158-159]。

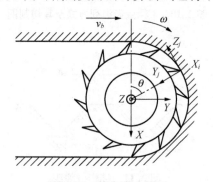

图 2.13　截齿受力简图

截煤时截齿受到的截割阻力可按式（2.14）计算：

$$Z_i = 10\bar{A}_p \frac{0.35b_p + 0.3}{b_p + K_\Psi \cdot \sqrt{h_{ij} \cdot \sin\theta)}} h_{ij} \cdot \sin\theta \cdot K_z \cdot K_y \cdot K_\varphi \cdot K_c \cdot K_{ot} \frac{1}{\cos\beta} +$$
$$100f'\delta_{cm}S_aK_\delta \circ$$

$$(2.14)$$

式中：$\bar{A}_p$ 为非地压影响区煤层截割阻抗平均值，N/mm。b_p 为截齿工作部分计算宽度，cm。h_{ij} 为第 i 条截线上 j 齿的切削厚度，$h_{ij} = 100V_q \times \sin(2\pi nt/60 + \alpha_{ij})/(m_i \times n)$，其中：$V_q$ 为牵引速度，m/min；m_i 为第 i 条截线的截齿数；n 为滚筒转速，r/min；α_{ij} 为第 i 条截线上 j 齿的圆心角，°；t 为滚筒工作时间，s。K_z 为外露自由表面系数。K_y 为截角影响系数。K_φ 为前刃面形状影响系数。K_c 为排列方式系数。β 为截齿与牵引方向之间的偏转角，°。K_Ψ 为脆性系数。K_{ot} 为地压影响系数。f' 为截割阻抗系数。δ_{cm} 为煤的单向抗压强度，MPa。S_a 为截齿磨损面投影面积，m²。θ 为截齿所处位置角度，°。K_δ 为矿体应力状态体积系数。

当截割顶底板岩石时，截割阻力可按式（2.15）计算：

$$Z_i = P_K \cdot [k_T k_g k'_y (0.25 + 1.8h_{ij} \cdot \sin\theta \cdot t_{cp}) + 0.1S_i] \circ \quad (2.15)$$

式中：P_K 为岩石接触强度，MPa；k_g 为截齿形状影响系数；k_T 为截齿类型系数；k'_y 为截角影响系数；t_{cp} 为切削宽度，cm；S_i 为截齿磨损面投影面积，m²。

经验表明截割含夹矸煤层时 δ_{cm}（煤的单向抗压强度）和 $\bar{A}_p$（非地压影响区煤层的平均截割阻抗）均扩大了 0.2～0.3 倍，分别将式（2.14）中的 δ_{cm}、$\bar{A}_p$ 均乘以 1.3，以考虑夹矸对滚筒载荷的影响。

牵引阻力 Y_{cp} 和侧向力 X_{cp} 可按式（2.16）和式（2.17）进行计算：

$$Y_{cp} = (0.5 \sim 0.7)Z_{cp}, \quad (2.16)$$
$$X_{cp} = (0.1 \sim 0.2)Z_{cp} \circ \quad (2.17)$$

装煤反力 R_S 可按式（2.18）进行计算

$$R_S = 1000 \cdot \frac{\pi}{4} \cdot (D_{sr}^2 - D_g^2) \cdot \left(1 - \frac{\delta \cdot Z}{L \cdot \cos\alpha}\right) \cdot B \cdot W_z \cdot \Psi \cdot \gamma \circ (2.18)$$

式中：D_{sr} 为滚筒有效直径，m；L 为叶片导程，m；δ 为叶片厚度，m；D_g 为筒毂直径，m；Z 为叶片头数；B 为截深，m；Ψ 为充满系数；W_z 为阻力系数；γ 为松散煤容重。

附加轴向力 X_q 可按式（2.19）进行计算：

$$X_q = \frac{\pi \cdot D \cdot L_2 \cdot \sin \alpha_0}{4 \cdot L_1 \cdot B} \cdot R_y \cdot K_2 。 \qquad (2.19)$$

式中：D 为滚筒直径，m；L_1 为前后两导向滑靴的距离，m；L_2 为后滑靴与前滚筒对应侧端面煤壁中心距离，m；B 为螺旋滚筒的截割深度，m；α_0 为采煤机机身最大转角，°；R_y 为牵引方向上受到的阻力，N；K_2 为截割力增加系数。

为了更真实地反映采煤机井下遇到的工况，全面评价螺旋滚筒的截割性能，需要对截割含硬质包裹体和夹矸煤层、截割顶底板等工况下的滚筒受力进行分析。考虑到对采煤机关键零部件及传动系统进行强度校核的需要，在分析滚筒受力时应考虑滚筒受力最恶劣的情况，通过文献〔160〕可知当截齿从包裹体中央进行截割时其受力较大，对此时截齿受力进行简化得到其载荷的简化波形如图 2.14 所示。

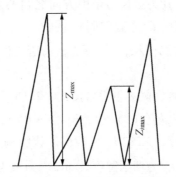

图 2.14　截齿截割包裹体时的载荷简化波形

将包裹体的抗压强度和截割阻抗等性质参数代入式（2.14）和式（2.15）中，求出截齿截割包裹体时产生的最大冲击载荷 Z_{imax}，同时根据图 2.14 中的简化波形对不同截线上截齿受力时间历程插值函数进行构造：

$$s_i(t) = \frac{t_k - t}{h_k} y_{i,k-1} + \frac{t - t_{k-1}}{h_{k-1}} y_{i,k}$$

$$t \in [t_{k-1}, t_k], k = 1,2,\cdots,8 。 \qquad (2.20)$$

式中：$y_{i,k}$ 取载荷最大值的 1、0.4、0.6、0.8 倍；h_0 为截齿第一次与包裹体接触时间，取 0.005 秒，其余间隔按照 1 : 3 的比例进行递推。

采煤机滚筒上的载荷是所有参与截割的截齿所受载荷的线性叠加，由于截齿参与截割的数目是不断变化的，在对模型进行求解时，需要判断截齿是否参与截割，其中截齿工作与否可根据式（2.21）进行判别：

$$\sin(\omega \cdot t + a_q + \omega \cdot t_w + a_{ij}) \geqslant 0。 \qquad (2.21)$$

式中：ω 为滚筒角速度，rad/s；t 为滚筒工作时间，s；a_q 为摇臂的抬起角度，°；t_w 为系统稳定时间，s；a_{ij} 为第 i 条截线上 j 齿的圆心角，°。

截割过程中若存在截割顶底板的情况时，截齿是否截割顶板可根据式 (2.22) 进行判别；是否截割底板可根据式 (2.23) 进行判别：

$$\begin{cases} \sin(\omega \cdot t + a_q + \omega \cdot t_w + a_{ij}) > \sin(\omega \cdot (t + 0.001) + a_q + \omega \cdot t_w + a_{ij}) \\ \sin(\omega \cdot t + a_q + \omega \cdot t_w + a_{ij}) < \sqrt{(R^2 - (R - h_1)^2)/R^2} \end{cases}$$
$$\qquad (2.22)$$

$$\begin{cases} \sin(\omega \cdot t + a_q + \omega \cdot t_w + a_{ij}) < \sin(\omega \cdot (t + 0.001) + a_q + \omega \cdot t_w + a_{ij}) \\ \sin(\omega \cdot t + a_q + \omega \cdot t_w + a_{ij}) < \sqrt{(R^2 - (R - h_2)^2)/R^2} \end{cases}$$
$$\qquad (2.23)$$

式中：R 为滚筒半径，mm；h_1 为顶板厚度，mm；h_2 为底板厚度，mm。

2.4.2 螺旋滚筒受力分析及转化

由于截割时截齿的受力大小和方向是不断变化的，为了便于对滚筒截割时所受负载进行分析，在计算各个截齿的截割阻力 Z_i、牵引阻力 Y_i 及侧向力 X_i 后需要对其进行坐标变换，将参与截割的截齿受力转换到滚筒质心处，如图 2.15 所示。先将 Z_i 和 Y_i 转化到相应截齿所在截线平面与滚筒轴线的交

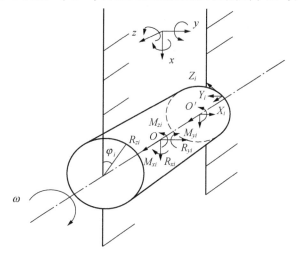

图 2.15 力和力矩的转化

点 O' 处，再将交点处的力投影到滚筒质心 O 所在坐标系中进行合成与分解[161]。对所有截齿转化后的力与力矩进行线性叠加，即可计算出滚筒质心处三向力和三向力矩。

根据图 2.13 将截齿的截割阻力及牵引阻力按坐标系进行分解，重力方向为 X 向，采煤机牵引方向为 Y 向，沿滚筒轴线并指向采煤机机体方向为 Z 向。则每条截线上 X 向合力：

$$R_{xi} = \sum_{j=1}^{n} (Y_{ij} \cdot \cos\theta - Z_{ij} \cdot \sin\theta) ; \qquad (2.24)$$

每条截线上 Y 向合力：

$$R_{yi} = \sum_{j=1}^{n} (-Y_{ij} \cdot \sin\theta - Z_{ij} \cdot \cos\theta) ; \qquad (2.25)$$

每条截线上 Z 向合力：

$$R_{zi} = \sum_{j=1}^{n} X_{ij} \circ \qquad (2.26)$$

滚筒 X 向力矩：

$$M_x = \sum_{i=1}^{N} R_{yi} \cdot d_i + \sum_{i=1}^{N} 500 R_{zi} \cdot \sin\theta \cdot D + $$
$$\frac{3}{4} R_s \cdot \sin\alpha \cdot \left[\frac{1}{2} \cdot \left(\frac{D_y}{2} - \frac{D_g}{2} \right) + \frac{D_g}{2} \right] \cdot 1000 ; \qquad (2.27)$$

滚筒 Y 向力矩：

$$M_y = -\sum_{i=1}^{N} R_{xi} \cdot d_i + \sum_{i=1}^{N} 500 \cdot R_{zi} \cos\theta \cdot D + $$
$$\frac{3}{4} R_s \cdot \cos\alpha \cdot \left[\frac{1}{2} \cdot \left(\frac{D_y}{2} - \frac{D_g}{2} \right) + \frac{D_g}{2} \right] \cdot 1000 ; \qquad (2.28)$$

滚筒 Z 向力矩：

$$M_z = \sum_{i=1}^{N} \sum_{j=1}^{n} Z_{ij} \cdot R_i \circ \qquad (2.29)$$

式中：α 为叶片与煤的摩擦角，°；d_i 为质心到第 i 条截线的距离，mm；D_y 为螺旋叶片外缘直径，m；R_i 为各条截线上截齿齿尖到滚筒轴线的距离，mm。

2.5 螺旋滚筒装煤理论

螺旋滚筒是采煤机的工作机构，集截割、破碎和装载功能于一体。在煤壁破碎后，破落下的煤块进入叶片与筒毂所形成的包络区间内，在叶片作用下煤块沿滚筒轴向运动，当煤块脱离螺旋叶片时，其轴向分速度使其抛向输送机从而实现煤块的装载[160,162-163]。

2.5.1 煤岩体受力分析

截齿截落的煤岩体大部分落到筒毂和叶片之间，在螺旋叶片作用下煤岩体沿轴向推向输送机。底板上高处的煤岩体主要靠旋转的叶片抛入输送机内，此时会对叶片产生一个抛煤的推反力；在叶片和溜槽铲煤板之间低处的煤岩体被推压时会产生一个轴向的推挤力。煤岩体的受力如图 2.16 所示，图中 T 和 F 分别为正压力 N 的两个分力。

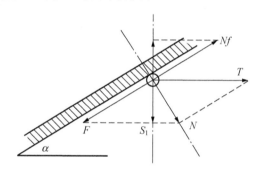

图 2.16　煤岩体在叶片上的受力

由图可知，螺旋滚筒抛煤时的轴向力 S_1 为

$$S_1 = N(\cos \alpha - f \cdot \sin \alpha), \tag{2.30}$$

抛煤时的圆周阻力 T 为

$$T = N(\sin \alpha + f \cdot \cos \alpha)。 \tag{2.31}$$

式中：N 为抛煤时螺旋叶片对煤的正压力，N；f 为螺旋叶片与煤的摩擦系数。

螺旋滚筒的装煤功率：

$$N_z = \frac{F_z \cdot v_j}{1000} = \frac{v_q v_j K_z}{n} \times 10^{-3}。 \tag{2.32}$$

式中：F_z 为螺旋滚筒的装煤阻力，N；v_q 为采煤机牵引速度，m/min；n 为螺旋滚筒转速，r/min；K_z 为装煤阻力系数，有挡煤板时 $K_z = 3.5 \times 10^4$，无挡煤板时 $K_z = 1.0 \times 10^4$，N/m；v_j 为螺旋滚筒截齿齿尖线速度，m/s。

根据螺旋滚筒抛煤时产生的圆周阻力和旋转线速度，可求得其装煤时的功率：

$$N_z = \frac{T \cdot v_j}{1000} = \frac{N(\sin \alpha + f \cdot \cos \alpha)}{1000} v_j。 \tag{2.33}$$

由式（2.30）和式（2.31）求得滚筒叶片对煤块的正压力 N 以及螺旋滚筒抛煤时的轴向力 S_1：

$$N = \frac{100 v_q K_z}{n(\sin \alpha + f\cos \alpha)}, \tag{2.34}$$

$$S_1 = \frac{100 v_q K_z(\cos \alpha - f\sin \alpha)}{n(\sin \alpha + f\cos \alpha)}。 \tag{2.35}$$

图 2.17 为螺旋滚筒推挤煤块时的受力简图，当煤岩体未离开叶片时，其堆积在叶片内的三角煤岩体处于平衡状态，列出其平衡方程如式：

$$\begin{cases} S_2 = N'(f\cos \beta_2 + \sin \beta_2) \\ G + N'f\sin \beta_2 = N'\cos \beta_2 \end{cases} 。 \tag{2.36}$$

式中：N' 为铲煤板对煤块的正压力，N；f 为煤与叶片之间的摩擦系数；β_2 为煤块与铲煤板间滑移的角度，°；G 为被推挤煤的重力，kg；ρ 为煤岩的密度，kg/m³。

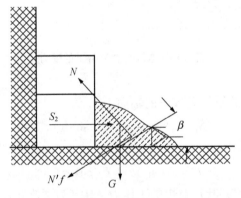

图 2.17 煤岩体挤压时的受力分析

对式（2.36）进行整理，得到螺旋滚筒被推挤时的轴向力 S_2：

$$S_2 = \frac{\pi \cdot g(f\cos \beta_2 + \sin \beta_2)(D_y^2 - D_g^2) \cdot J \cdot \rho}{8(\cos \beta_2 - f\sin \beta_2)}。 \tag{2.37}$$

2.5.2 煤岩体运动分析

煤颗粒在叶片上的运动如图 2.18 所示。当滚筒以转速 n 进行截割作业时，煤块在破碎后进入叶片与筒毂形成的半封闭区间内，在叶片推动下煤块获得圆周速度 v_1 和沿叶片相对滑动的速度 v_2'，此时它以绝对速度 $v_n = v_1 + v_2$ 进行运动。煤块在移动的过程中与截齿以及叶片等金属的相互摩擦力使其相对滑动速度不断减小为 v_2，并且 v_2 与叶片的法向成一个大小为 φ 的摩擦角。

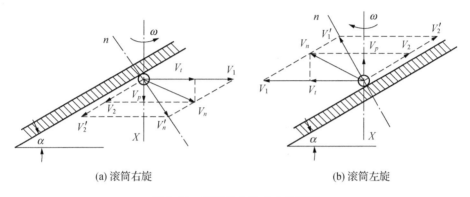

(a) 滚筒右旋　　　　　　　　　　　　　　(b) 滚筒左旋

图 2.18　煤岩体在叶片上的运动

根据转速求得煤块的圆周速度 $v_1 = \pi n D$，假设叶片的平均螺旋叶片升角为 α，则根据速度投影定理可求得煤块的绝对速度：

$$v_n = v_1 \frac{\sin \alpha}{\cos \varphi}, \tag{2.38}$$

将 v_1 代入式（2.38）求得煤块的绝对速度：

$$v_{np} = n\pi D \frac{\sin \alpha}{\cos \rho_m}。 \tag{2.39}$$

式中：v_{np} 为煤块的绝对速度，m/min；D 为煤块所在位置的回转直径，m；α 为叶片的平均螺旋叶片升角，°；ρ_m 为煤块与叶片之间的摩擦角，rad。

由图 2.18 可见，滚筒右旋时，煤块在叶片作用下的运动轨迹表现为向上抛射，而滚筒左旋时，煤块则在叶片作用下的运动轨迹表现为向下挤压，两种情况下煤块沿轴向速度和切向速度大小相同，通过对 v_{np} 进行沿轴向和切向两个方向进行分解，得到煤块沿轴向速度 v_p 与切向速度 v_t：

$$v_p = \frac{\pi n D \sin \alpha \cos(\alpha + \rho_m)}{\cos \rho_m}, \tag{2.40}$$

$$v_t = \frac{\pi n D \sin \alpha \sin(\alpha + \rho_m)}{\cos \rho_m}。 \tag{2.41}$$

2.5.3　螺旋滚筒装煤生产率分析

螺旋叶片是由半径不同的无数条螺旋线构成的曲面，如图 2.19 所示。图中 1 号线即叶片下螺旋面的外螺旋线方程：

$$\begin{cases} x = r\cos\theta \\ y = r\sin\theta \\ z = r\theta\tan\alpha \end{cases} 。 \tag{2.42}$$

式中：r 为螺旋叶片半径，$r_g \leqslant r \leqslant r_y$，m；$\alpha$ 为叶片的螺旋叶片升角，°；θ 为螺旋叶片围包角，rad。

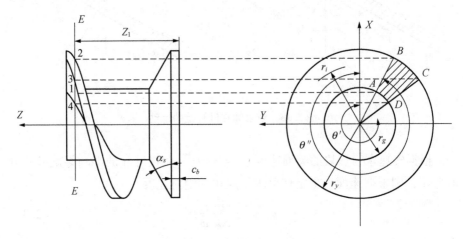

图 2.19　螺旋叶片滚筒截面

厚度 δ 上的另外一个螺旋面的方程为

$$\begin{cases} x = r\cos\theta \\ y = r\sin\theta \\ z = r\theta\tan\alpha + \delta/\cos\alpha \end{cases} 。 \tag{2.43}$$

以垂直于滚筒轴线的截面 E 进行剖分螺旋滚筒时，截面与螺旋叶片的内外螺旋线相交点分别为 A、B、C、D 四点，其中截线 AB 的转角为

$$\theta_{AB} = \frac{2\pi z_1}{S}, \tag{2.44}$$

截线 CD 的转角为

$$\theta_{CD} = \frac{2\pi z_1}{S} - \frac{2\pi\delta}{S\cos\alpha_{cp}}, \tag{2.45}$$

因为螺旋叶片导程 $S = \pi D_{cp} \tan \alpha_{cp}$ ，所以

$$\theta_{AB} = \frac{2z_1}{D_{cp}\tan \alpha_{cp}},\tag{2.46}$$

$$\theta_{CD} = \frac{2z_1}{D_{cp}\tan \alpha_{cp}} - \frac{2\delta}{D_{cp}\sin \alpha_{cp}},\tag{2.47}$$

截线 AB 与截线 CD 之间的夹角：

$$\Delta\theta = \theta_{AB} - \theta_{CD} = \frac{2\delta}{D_{cp}\sin \alpha_{cp}}。\tag{2.48}$$

式中：D_{cp} 为叶片平均直径，m；α_{cp} 为平均螺旋叶片升角，rad。

点 A、B、C、D 所形成的截面即为滚筒的最大煤流断面积，可按式（2.49）进行计算：

$$F_{\max} = \frac{\pi}{4}(D_y^2 - D_g^2)\left(1 - \frac{\delta}{S\cos \alpha_{cp}}\right)。\tag{2.49}$$

当螺旋叶片为多头时，滚筒的最大煤流断面积为

$$F_{\max} = \frac{\pi}{4}(D_y^2 - D_g^2)\left(1 - \frac{z\delta}{S\cos \alpha_{cp}}\right),\tag{2.50}$$

在不考虑端盘的情况下，滚筒的容积可表示为

$$Q_F = F_{\max}S = \frac{\pi}{4}(D_y^2 - D_g^2)\left(1 - \frac{z\delta}{S\cos \alpha_{cp}}\right)S,\tag{2.51}$$

端盘所占滚筒的容积：

$$Q_D = \frac{\pi}{24}(D_y^2 + D_yD_g - 2D_g^2)(D_y - D_g)\tan \alpha_s + \frac{\pi c_b}{4}(D_y^2 - D_g^2)。\tag{2.52}$$

式中：α_s 为端盘锥角，°；c_b 为端盘沿轴向长度，m。

滚筒的实际容积可表示为

$$\begin{aligned}Q_R &= \frac{\pi}{4}(D_y^2 - D_g^2)\left(1 - \frac{z\delta}{S\cos \alpha_{cp}}\right)S - \frac{\pi}{24}(D_y^2 + D_yD_g - 2D_g^2)\\&\quad (D_y - D_g)\tan \alpha_s - \frac{\pi c_b}{4}(D_y^2 - D_g^2)\\&= \frac{\pi(D_y^2 - D_g^2)(S\cos \alpha_{cp} - z\delta - c_b\cos \alpha_{cp})}{4\cos \alpha_{cp}} -\\&\quad \frac{\pi(D_y^2 + D_yD_g - 2D_g^2)(D_y - D_g)\tan \alpha_s}{24}。\end{aligned}\tag{2.53}$$

由于滚筒平均煤流断面积 F_{av} 等于滚筒的实际容积 Q_R 与螺旋叶片导程 S 之比，所以滚筒的平均煤流断面积 F_{av} 为

$$F_{av} = \frac{\pi(D_y^2 - D_g^2)(S\cos\alpha_{cp} - z\delta - c_b\cos\alpha_{cp})}{4S\cos\alpha_{cp}} -$$

$$\frac{\pi(D_y^2 + D_yD_g - 2D_g^2)(D_y - D_g)\tan\alpha_s}{24S} \text{。} \tag{2.54}$$

结合式（2.32）和式（2.54）即可求出螺旋滚筒的理论装煤量 Q_z 为

$$Q_z = F_{av} \cdot v_p = \left[\frac{\pi(D_y^2 - D_g^2)(S\cos\alpha_{cp} - z\delta - c_b\cos\alpha_{cp})}{4S\cos\alpha_{cp}} -\right.$$

$$\left.\frac{\pi(D_y^2 + D_yD_g - 2D_g^2)(D_y - D_g)\tan\alpha_s}{24S}\right] \times \frac{\pi nD\sin\alpha_{cp}\cos(\alpha_{cp} + \rho_m)}{\cos\rho_m} \text{。}$$

$$\tag{2.55}$$

以某型螺旋滚筒为工程对象，其具体结构和运动参数如下：叶片直径 930 mm、筒毂直径 530 mm、叶片平均直径 730 mm、叶片厚度 70 mm、叶片头数为 2、端盘沿轴向长度 70 mm、滚筒转速为 60 r/min、煤与叶片的摩擦角为 36°。根据上述参数计算出螺旋滚筒理论装煤量与螺旋叶片升角之间的关系如图 2.20 所示。可见，理论装煤量随着螺旋叶片升角的增大呈现出抛物线式的变化规律。对于该型螺旋滚筒来说，当螺旋叶片升角为 17.5°时，其装煤量达到最大，此时螺旋滚筒的装煤率最高。

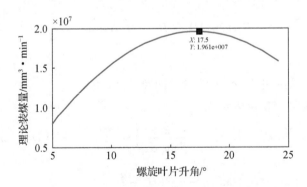

图 2.20　理论装煤量与螺旋叶片升角的关系

为了使螺旋滚筒能够顺利运出截割落下的煤块，滚筒单位时间的装煤量 Q_z 必须大于或等于落煤量 Q_l，这样才能保证螺旋滚筒不发生堵塞，其中螺

旋滚筒的落煤量 Q_l 可按式（2.56）进行计算[164]：

$$Q_l = D \cdot B \cdot v \cdot \lambda。 \tag{2.56}$$

式中：D 为螺旋滚筒的直径，m；B 为螺旋滚筒宽度，m；v 为牵引速度，m/min；λ 为煤的松散系数，一般取 1.5～1.7.

根据 $Q_z \geqslant Q_l$，将式（2.55）和式（2.56）进行联立：

$$\left[\frac{\pi(D_y^2 - D_g^2)(S\cos \alpha_{cp} - z\delta - c_b\cos \alpha_{cp})}{4S\cos \alpha_{cp}} - \right.$$

$$\left. \frac{\pi(D_y^2 + D_yD_g - 2D_g^2)(D_y - D_g)\tan \alpha_s}{24S} \right] \times$$

$$\frac{\pi nD\sin \alpha_{cp}\cos(\alpha_{cp} + \rho_m)}{\cos\rho_m} \geqslant D \cdot B \cdot v \cdot \lambda, \tag{2.57}$$

可求出螺旋滚筒不发生堵塞时最小滚筒转速为

$$n \geqslant \frac{DBv\lambda\cos \rho_m}{\pi D\sin \alpha_{cp}\cos(\alpha_{cp} + \rho_m)} \left/ \left[\frac{(D_y^2 - D_g^2)(S\cos \alpha_{cp} - z\delta - c_b\cos \alpha_{cp})}{4S\cos \alpha_{cp}} - \right.\right.$$

$$\left. \frac{(D_y^2 + D_yD_g - 2D_g^2)(D_y - D_g)\tan \alpha_s}{24S} \right]。$$

$$\tag{2.58}$$

2.6　本章小结

本章主要对螺旋滚筒截割过程中截煤和装煤的相关理论进行了研究。从煤岩体的物理机械性质及镐齿的截割机制出发，对单齿及螺旋滚筒的受力进行了详细分析，提出了截齿在截割纯煤、顶底板以及含包裹体煤层等工况下螺旋滚筒受力的计算方法，为采煤机工作机构优化设计及载荷计算软件的开发提供理论支撑；同时，根据螺旋滚筒的特点，对截割过程中煤流运动的受力进行了分析，找出影响螺旋滚筒装煤效率的主要因素，为后续装煤过程的离散元仿真提供参考。

3 螺旋滚筒破煤过程有限数值模拟

薄煤层采煤机械工作机构破碎煤岩体过程是高度非线性的动态过程，其中包含有截齿对煤岩体的冲击和碰撞、煤岩体的破碎等非线性行为。LS-DYNA 能够准确地求解上述问题，很好地模拟工作机构破煤的全过程，得到所关心的数据。

3.1 LS-DYNA 简介

LS-DYNA 来自美国 Lawrence Livermore Nation Lab，是世界上最著名的通用显式动力分析程序。这是在工程应用领域被广泛认可的分析软件包，与实验的无数次对比证实了其计算的可靠性。现发行的最高版本为 LS-DYNA 2022 R2，其前后处理器接口软件众多，如 ANSYS/LS-DYNA、LS-PrePost、VPG、 Oasys、 DYNAFORM、 MSC/Patran、 JVISION、 FEMB、 Altair/Hypermesh、CEI 等[165]，本书主要应用 ANSYS/LS-DYNA 与 LS-PrePost-3.1-win32 作为数值模拟的前后处理器。

3.1.1 LS-DYNA 动力分析功能

LS-DYNA 可以求解各种几何非线性、材料非线性和接触非线性问题。其显式算法特别适合分析各种非线性结构冲击动力学问题，如爆炸、结构碰撞、金属加工成形、岩土侵彻等高度非线性的问题，同时还可以求解传热、流体以及流固耦合问题。其算法特点是以 Lagrange 为主，兼有 ALE 和 Euler 算法；以显式求解为主，兼有隐式求解功能；以结构分析为主，兼有热分析、流固耦合功能；以非线性动力分析为主，兼有静力分析功能，是军用和民用相结合的通用结构分析非线性有限元程序。

LS-DYNA 具有丰富的单元库，具有二维、三维实体单元，薄、厚壳单元，梁单元以及 ALE、Euler、Lagrange 单元等，各类单元又有多种理论算法可供选择，具有大位移、大应变和大转动性能，单元积分采用沙漏黏性阻尼以克服零能模式，计算速度快，可满足各种实体结构、薄壁结构和流固耦合问题的有限元网格剖分的需要[166]；在材料模型方面，LS-DYNA 目前拥有近150 余种金属和非金属材料模型，涵盖了弹性、弹塑性、超弹、泡沫、玻璃、地质、土壤、混凝土、流体、复合材料、炸药、刚性体等各种材料模型以及多种气体状态方程，可以考虑材料的失效、损伤、黏性、蠕变、与温度有关、与应变率相关等材料性质。此外，程序还支持用户自定义材料功能[167]；在接触方面，LS-DYNA 有充足的接触方式，目前有 50 多种可供选择的接触分析方式，可以求解各种柔性体与柔性体、刚性体与刚性体、柔性体与刚性体之间的接触问题，并可分析接触表面的固连失效问题、静动力摩擦以及流体与固体的界面等。可见，LS-DYNA 程序满足采煤机械破煤模拟的技术条件[31]。

3.1.2　LS-DYNA 一般分析流程

与一般的 CAE 辅助分析程序操作过程相似，一个完整的 LS-DYNA 显式动力分析过程包括前处理、求解以及后处理 3 个基本操作环节，图 3.1 对LS-DYNA 的分析过程做了很好的诠释。

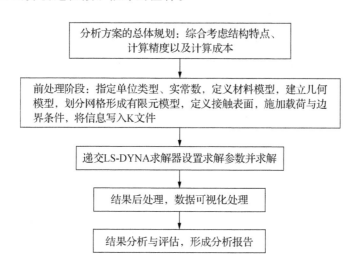

图 3.1　LS-DYNA 的一般分析流程

3.1.3　接触－碰撞的数值计算方法

接触－碰撞问题属于最复杂的非线性问题之一，因为在接触－碰撞问题中的响应是不平滑的。当发生碰撞时，垂直于接触界面的速度是瞬时不连续的。对于 Coulcomb 摩擦模型，当出现黏性滑移行为时，沿界面的切向速度也是不连续的。接触－碰撞问题的这些特点给离散方程的时间积分带来明显的困难。因此，方法和算法的选择是否适当对于采煤机械破煤模拟的准确性与否是至关重要的。

接触问题有限元法主要有 3 种算法，分别为动力约束法、分配参数法、罚函数法。其中动力约束法仅用于固连和固连—断开类型的接触界面（统称固连界面），主要用来将结构网格不协调的两部分联结起来；分配参数法主要用来处理接触界面具有相对滑移而不可分开的情况的问题，最典型的应用是处理爆炸等问题，炸药爆炸产生的气体与被接触的结构之间只有相对滑动而没有分离；罚函数法是目前最常用的接触界面算法，该方法的基本原理是：在每一个时间步首先检查各从节点是否穿透主面，如果没有穿透则不做任何处理，如果穿透，则在该从节点与被穿透主面间引入一个较大的界面接触力，其大小与穿透深度、主面的刚度成正比，这在物理上相当于在两者之间放置一个法向弹簧，以限制从节点对主面的穿透，接触力称为罚函数值，"对称罚函数法"则是同时对每个主节点也做类似上述处理，由于这种算法具有对称性、动量守恒准确，不需要碰撞和释放条件，因此很少引起 Hourglass 效应，噪声小，本书将利用对称罚函数法来处理采煤机械截割煤岩问题。

对称罚函数方法的主要计算步骤如下[168-169]：

①搜索从主节点。如图 3.2 所示，将煤岩体和截齿进行有限元离散，并设煤岩体单元的节点为从片，截齿的单元的片组为主片。设对任一个煤岩体从节点 n_s 搜索与它最近的截齿主节点为 m_s。这种搜索方式属于增量式的搜索方式，对于截齿与煤岩的侵蚀接触，属于非自动接触，因为这种搜索方式要求必须保证主片的网格的连续性，所以截齿的网格必须连续而且形状不宜太复杂，以免产生错误的接触行为。由于面面侵蚀接触属于双向的接触方式，即检查从节点对主片的穿透，也检查主节点对从片的穿透，所以对于从片煤岩体单元的网格是连续的。

②确定接触主片。检查与主节点有关的所有主单元面，确定从节点穿透

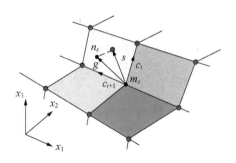

图 3.2 接触点位置确定

主面时可能接触的主片。若从节点 n_s 与主节点 m_s 不重合，那么满足下列两个不等式时，从节点 n_s 与主片 S 接触。

$$\begin{cases} (C_i \times S) \cdot (S \times C_{i+1}) > 0 \\ (C_i \times S) \cdot (C_i \times C_{i+1}) > 0 \end{cases} \quad (3.1)$$

式中：C_i 和 C_{i+1} 是主片的两条边矢量；g 为从节点到主节点的矢量；矢量 S 是矢量 g 在主片的投影：

$$S = g - (g \cdot m)m。 \quad (3.2)$$

式中：$m = \dfrac{C_i \times C_{i+1}}{|C_i \times C_{i+1}|}$。

若从节点在位于 3 个主片的交线 C_i 上，则 m 取下述极大值：

$$m = \frac{g \times C_i}{|C_i|}, \quad i = 1, 2, \cdots。 \quad (3.3)$$

③确定从节点可能在主片上的接触点的位置。主片 S 上任意一点的位置可由位置矢量 r 表示，如图 3.3 所示。

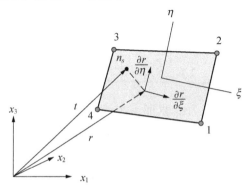

图 3.3 从节点与主片接触示意

利用单元的形函数，得位置矢量 r：

$$r = f_1(\xi,\eta)i_1 + f_2(\xi,\eta)i_2 + f_3(\xi,\eta)i_3。 \tag{3.4}$$

式中：$f_i(\xi,\eta) = \sum_{j=1}^{4}\phi_j(\xi,\eta)x_i^j$，$\phi(\xi,\eta) = \dfrac{1}{4}(1+\xi_j\xi)(1+\eta_j\eta)$；$x_i^j$ 是单元第 j 节点的坐标 x_i；i_1、i_2 和 i_3 是 x_1、x_2、x_3 坐标轴的单位矢量。接触点 C 若在主面内，则表示该点必是从节点在主片的投影，根据向量法，容易导出下列方程：

$$\begin{cases} \dfrac{\partial r}{\partial \xi}(\xi_c,\eta_c) \cdot [t - r(\xi_c,\eta_c)] = 0 \\[2mm] \dfrac{\partial r}{\partial \eta}(\xi_c,\eta_c) \cdot [t - r(\xi_c,\eta_c)] = 0 \end{cases}, \tag{3.5}$$

由此，可以确定 C 点在主片的位置。

④检查从节点 n_s 是否穿透主片。检查一个点是否穿透一个面，可以通过测量该点对该面的法线向量与该点在该面投影处的法线向量之间的夹角，若两向量间的夹角大于 180 度，则表示该点在该面的背面，即表示穿透。若

$$l = n_i \times [t - r(\xi_c,\eta_c)] < 0, \tag{3.6}$$

其中，

$$n_i = \frac{\dfrac{\partial r}{\partial \xi}(\xi_c,\eta_c) \times \dfrac{\partial r}{\partial \eta}(\xi_c,\eta_c)}{\left| \dfrac{\partial r}{\partial \xi}(\xi_c,\eta_c) \times \dfrac{\partial r}{\partial \eta}(\xi_c,\eta_c) \right|},$$

则从节点 n_s 穿透含有接触点 C 的主片，否则没有穿透，返回 1 步骤接着搜索下一个从节点。

⑤施加接触力。若从节点穿透主片，则在从节点上施加一个法向接触力：

$$f_s = -lk_in_i。 \tag{3.7}$$

式中：k_i 为主片的刚度因子。

根据作用力与反作用力的原理，在截齿主片的接触点 C 上施加一个反向的法向接触力 $-f$，在利用静力等效原理，将接触点 C 的接触力分配到主片的 4 个节点上：

$$f_{jm} = -\phi_j(\xi_c,\eta_c)f_s = \phi_j(\xi_c,\eta_c)lk_in_i, \quad j = 1,2,3,4。 \tag{3.8}$$

对于接触刚度的计算程序已开发了 4 种算法，默认的算法是利用接触段

的尺寸与其材料特性来确定接触刚度，即

$$k_i = \frac{fK_iA_i^2}{V_i}。 \qquad (3.9)$$

式中：K_i、V_i 和 A_i 是主片单元的体积模量、单元体积、主片的面积，f 是接触刚度比例因子。在双向接触中，接触刚度是选择主从片较小的刚度代入接触力计算中，于是在煤岩体与截齿的接触中，接触刚度是考虑煤岩体的刚度特性的。

在截齿与煤岩体的接触计算中，为了考虑煤岩体本身的特性及尽量减少计算时间，煤岩体的网格一般比截齿的网格大些，同时，合金头的接触刚度比煤岩体的接触刚度大得多，这样一来，在截齿与煤岩体构成的接触系统中会造成不稳定的响应，为了降低这种不稳定性，同时又考虑材料的特性，可以采用下列公式计算接触刚度：

$$k_i = \max\left(\frac{fK_iA_i^2}{V_i}, \mathrm{SOFSCL} \times \frac{m}{\Delta t^2}\right)。 \qquad (3.10)$$

式中：m 为从节点的质量；Δt 为全局时间步长；SOFSCL 为接触刚度放大因子。可见，这个公式非常适合截齿对于煤岩体的低速冲击接触问题。

⑥截齿与煤岩体接触界面摩擦力的计算

在 LS-DYNA 程序中，利用库仑摩擦来描述截齿与煤岩体接触表面的摩擦，则最大摩擦力为

$$F_y = \mu|f_s|。 \qquad (3.11)$$

式中：μ 为摩擦系数，利用指数插值函数平滑有

$$\mu = \mu_d + (\mu_s - \mu_d)e^{-C|v|}。 \qquad (3.12)$$

式中：μ_d、μ_s 分别为动态和静态摩擦系数，截齿与煤岩体之间的摩擦系数可查表 2.2；C 为衰减系数；v 为从节点与主片的相对速度，$v = \Delta e/\Delta t$，Δt 为时间步长因子，Δe 为从节点的运动增量，$\Delta e = r^{n+1}(\xi_c^{n+1}, \eta_c^{n+1}) - r^{n+1}(\xi_c^n, \eta_c^n)$。

设 t_n 时刻从节点的摩擦力为 F_n，下一时刻（$t_n + 1$）的试探摩擦力为 F^*，$F^* = F^n - k\Delta e$，k 为界面刚度，则下一时刻的摩擦力为

$$F^{n+1} = \begin{cases} F^*, & 若|F^*| > F_y \\ F_yF^*/|F^*|, & 若|F^*| \leqslant F_y \end{cases}。 \qquad (3.13)$$

同理，可以利用作用力反作用力原理和静力等效原理求得主片上各节点的摩擦力。

⑦将接触力矢量和摩擦力矢量沿全局坐标系投影，代入离散运动方程中，进行动力学分析。

3.1.4 煤岩材料本构模型理论

煤岩体是典型的黏弹塑性体，刀具对其破碎是一个复杂的非平衡、非线性的演化过程，既有弹塑性变形和脆性断裂，还包括蠕变、松弛等流变行为。因此，对于采煤机械破煤过程的模拟来说，选择一种能够全面刻画在破碎过程中煤岩体响应的本构模型至关重要。

材料的非线性来源主要在于材料的塑性和黏性上，材料在塑性阶段，其变形受到应力历史的影响，使得材料的应力—应变关系具有明显的非线性，而与一般材料不同的是，煤岩体在弹性阶段也具有非线性。

在 LS-DYNA 中，有多种适用于岩土类材料的本构模型。其中，Mohr-Coulomb 塑性模型主要适用于在单调载荷下以颗粒结构为特征的材料，如土壤等；Cam-Clay 模型适合于黏土类材料的模拟；Modified Cap 模型适用于黏性岩土类介质；节理材料模型适合于模拟在不同方向上存在分布度很高的平行节理的岩土介质；Modified Drucker-Prager 模型适用于仿真有内摩擦力的材料，并常常适用于单调加载的情况；而 Drucker-Prager 塑性与蠕变的耦合模型通常在需考虑蠕变与塑性的耦合时使用，可以较好地模拟煤岩体等粒状材料等由于压力增加，材料强度增高的非线性材料。

根据模拟所采用的煤岩体的力学性质与组成结构，综合考虑煤岩体材料的特点，建立 Drucker-Prager 模型来模拟煤岩的塑性本构关系。

（1）屈服准则

煤岩体所受正应力—剪应力关系在子午面上的曲线（p-t 曲线）如图 3.4 所示。

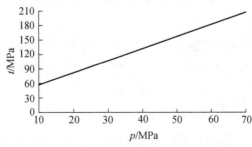

图3.4　煤岩体三轴实验 p-t 关系曲线

模型屈服函数为

$$F = t - p\tan\beta - d = 0。 \tag{3.14}$$

式中：d 为黏聚力。

$$d = \left(1 - \frac{1}{3}\tan\beta\right)\sigma_c。 \tag{3.15}$$

式中：σ_c 为单轴受压屈服应力；β 为摩擦角；t 为偏应力度量参数。

$$t = \frac{q}{2}\left[1 + \frac{1}{k} - \left(1 - \frac{1}{k}\right)\left(\frac{r}{q}\right)^3\right]。 \tag{3.16}$$

式中：k 为材料参数，$0.778 \leqslant k \leqslant 1.0$，由于采用三向受压，$r = -q$，$t = q$。

（2）硬化准则

模型采用等向硬化理论，并通过单轴压缩屈服应力来定义硬化：

$$\bar{\sigma} = \sigma_c(\bar{\varepsilon}^{pl}, \delta_{\varepsilon pl})。 \tag{3.17}$$

式中：$\delta_{\varepsilon pl}$ 为等效塑性应变率；由单轴压缩确定硬化，所以 $\delta_{\varepsilon pl} = |\delta_{11}^{pl}|$。等效应力 $\bar{\sigma}$ 包括了硬化，同时也包括了率相关的因素。

$\bar{\varepsilon}^{pl}$ 为等效塑性应变：

$$\bar{\varepsilon}^{pl} = \int_0^t \delta_{\varepsilon pl}dt。 \tag{3.18}$$

（3）流动准则

D-P 模型流动准则可用下式表示：

$$d\varepsilon^{pl} = \frac{d\bar{\varepsilon}^{pl}}{c}\frac{\partial G}{\partial\sigma}。 \tag{3.19}$$

式中：$c = \left(1 - \frac{1}{3}\tan\psi\right)$，$d\bar{\varepsilon}^{pl} = |d\varepsilon_{11}^{pl}|$。

G 为塑性势函数：

$$G = t - p\tan\psi。 \tag{3.20}$$

式中：ψ 为 p-t 平面中的膨胀角。

模型在 p-t 平面上的硬化与塑性流动示意如图 3.5 所示。

（4）破坏准则

模型采用基于能量耗散的材料破坏准则，通过煤岩体硬度塑性系数试验确定单位体积的耗散能 G_f，具体计算公式如下：

$$G_f = \frac{W \cdot (K - 1)}{V \cdot K}。 \tag{3.21}$$

式中：K 为煤岩体塑性系数；W 为煤岩体体积破碎消耗的总功；V 为煤岩体破

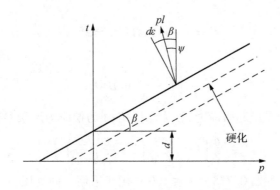

图 3.5　D-P 模型在 *p-t* 平面上的硬化与塑性流动示意

碎坑体积。

煤岩体硬度和塑性系数的计算公式为

$$H = \frac{P}{A}, \tag{3.22}$$

$$K = \frac{S_{OABC}}{S_{ODE}}. \tag{3.23}$$

式中：H 为煤岩体硬度，MPa；P 为煤岩体产生第一次体积破碎时施加的最大载荷值，N；A 为平底圆柱压头的底面积，mm^2；K 为煤岩体塑性系数；S_{OABC} 为煤岩体产生第一次体积破碎消耗的总功；S_{ODE} 为煤岩体产生第一次体积破碎消耗的弹性变形功。

确定 S_{OABC}、S_{ODE} 时采用的试验载荷—位移关系示意如图 3.6 所示。

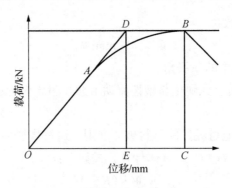

图 3.6　载荷—位移关系曲线示意

3.2 螺旋滚筒破煤的有限元数值模拟

通过对采煤机螺旋滚筒结构及煤岩体材料特性的分析，针对镐齿的截割机制及螺旋滚筒的截割性能，利用显式动力学软件 ANSYS/LS-DYNA 对单个镐齿截割过程进行数值实验研究，揭示镐齿破煤规律，并对薄煤层采煤机螺旋滚筒破煤的动态过程进行数值模拟，以分析螺旋滚筒的截割性能，进而利用所编制的 MATLAB 程序进一步分析其截齿排列方式对薄煤层采煤机工作载荷的影响。

3.2.1 单齿截割试验模型的建立

根据 LS-DYNA 的一般分析流程，试验模型的建立首先需要选择合理的单元类型和材料，并通过网格划分将煤岩体和镐齿的实体模型离散成多个相互连接的单元。由于镐齿及齿座的模型复杂，很难在 ANSYS 软件中直接建立准确的模型，因此采用三维建模软件 Pro/E 建立截齿和煤岩体的三维模型。根据某煤业集团提供的 16 层工作面煤层地质条件中的典型工况，建立煤体中含有边长为 100 mm 立方体大小岩石的煤岩体模型。如图 3.7 所示，并利用其与 ANSYS 软件的接口导入有限元软件 ANSYS/LS-DYNA 模块中进行有限元的离散化。

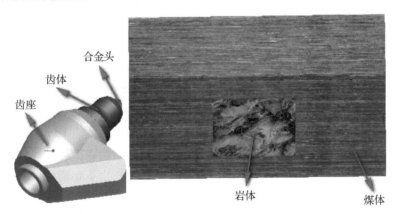

图 3.7 单齿截割试验三维模型

（1）单元和材料类型的选择

LS-DYNA 提供了丰富的单元库，单元类型的选择对模拟计算的精度和效率有重要影响。截齿和岩石均采用 8 节点 SOLID164 单元，用缺省的常应力单元公式。因为单元公式选用线性单元的单点积分，所以计算速度快，但容易产生沙漏模式，并有可能产生负体积，本书采用刚度沙漏控制公式类型 4 来控制沙漏，沙漏系数取默认值 0.1。由于扫掠网格的需要，需要添加一个不参加求解的面单元 MESH200，并要把面单元选项定义为 4 节点的四边形，使得其能扫掠成 SOLID164 六面体单元，如图 3.8 所示。

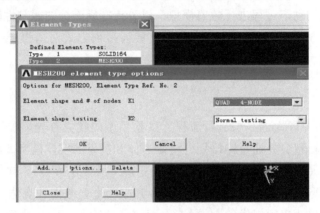

图 3.8　单元类型的选择

对于截齿的材料类型的选择，由于本次实验的目的是研究镐齿截割机制及其截割性能，合金头和齿体是主要参与破煤的部分，因此材料模型选择为 *MAT_ELASTIC 弹性体模型；而截齿齿座对齿体只起到固定作用，并未参与破煤，因此可处理为 *MAT_RIGID 刚性体材料。刚性模型在显式动力学分析中有着非常重要的意义，用刚性模型定义有限元模型中刚硬部分和不重要的部分可以大大缩减显式分析的计算时间，这是由于定义了一个刚性体后，刚性体内所有节点的自由度都耦合到刚性体的质量中心了，因此，无论定义了多少个节点，刚性体仅有 6 个自由度。作用在刚性体上的力和力矩由每个时间步的节点力和力矩合成，然后计算刚性体的运动，再转换到节点位移。而且刚性体需要约束不需要的自由度，以避免产生不必要的位移[170]。

（2）模型有限元网格的生成

由于本模型是由三维建模软件 Pro/E 导入的，所以其网格的剖分必须以导入的三维实体为基础，否则将无法产生连续的有限元网格。模型中齿座部分比较复杂，形体十分不规则，而且已被考虑为刚性体，因此对网格质量要求不高，可采用四面体网格智能划分；而由于截齿的齿体和合金头是直接参与破煤的主要部分，也是要研究的关键所在，需要高质量的网格划分，以满足求解精度，因此扫掠为六面体网格，剖分过程中需要将齿体与合金头沿轴线方向均匀地切割为 4 个部分，然后分别进行扫掠划分，否则无法确定体扫掠的源面和目标面；煤岩体模型为规则的六面体，可直接扫掠为六面体网格，与截齿接触部分网格较细。将划分完网格的模型生成 PART，由于ANSYS/LS-DYNA 中不同的材料号、单元号、实常数号会生成不同的 PART编号，因此本书所建模型共生成 5 个不同的 PART，共 702 468 个节点和695 575 个单元，如图 3.9 所示，并写出 K 文件后导入 LS-PREPOST3.1 中，如图 3.10 所示。

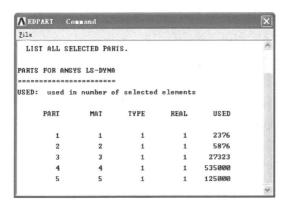

图 3.9　生成 PART 的信息

(a) 整体有限元模型

(b) 齿体及合金头有限元模型

图 3.10　单齿截割有限元模型

（3）模型边界条件的施加及求解

截齿截割数值实验系统的边界条件是复杂多变的。而煤岩体属于模拟无限区域，因此其边界条件既要有固定位移的约束，还要避免边界处反射波和剪切波对截齿作用的煤岩单元的响应；除此之外，截齿与煤岩之间需要定义面－面侵蚀接触，这是一种接触边界条件，用来耦合截齿与煤岩的力学行为；齿座作为一个刚性体，需要定义约束使之不能发生多余方向上的位移，而截齿定义为柔性体，两者之间存在间隙配合，因此在模型中无法使用共用节点法使其网格连续，因此还需要定义截齿与齿座的连接，并通过驱动刚性体齿座来使截齿与煤岩体发生接触行为。对于齿座的驱动问题，由于本部分主要研究单个截齿的破煤过程，因此可近似为直线截割，只需沿 X 轴方向以速度—时间曲线驱动齿座运动即可。

与隐式算法不同的是，LS-DYNA 分为零约束和非零约束，非零约束按加载处理，零约束按施加约束处理。对于煤岩体模型，其边界的节点需要约束其全部的 6 个自由度使之不能发生位移，可利用关键字 ∗ BOUNDARY_SPC_SET 定义其固定边界。而对于煤岩体这样近似无限大的模型通常采用有限域来表达无限域，这样对于煤岩施加固定边界带来的缺点在于应力波到达固定边界会产生反射现象，反射波和剪切波会反过来作用于截齿即将破碎的岩石单元，这样便与实际情况不符，因此可通过关键字 ∗ BOUNDARY_NON_REFLEC-TING 施加一个无反射边界条件以消除此影响。其作用的机制是在透射面上分别施加与波速和速度相关的法向应力和切向应力来与对应加载响应的应力抵消，以此吸收反射波和剪切波，但无反射边界条件不能起到固定边界条件约束刚性体位移的作用，无反射边界条件和固定边界条件是相互独立的，两个边界条件可以在同一个边界面同时施加。如图 3.11 中煤岩体的 6 个面分别用 1~6 编号，其中施加固定边界条件的 3 个面分别为 1、4、5 表面，而需要对其施加无反射边界条件的面分别为 1、4、5、6 表面。

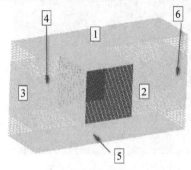

图 3.11 煤岩体模型的边界条件

由于齿座为刚性体，齿体与合金头为柔性体，所以这是一种刚柔耦合问题，即将柔体的某些节点和刚性体进行耦合，使这些节点具有大位移的刚性体性质的同时也可以产生应变和局部小位移。在隐式分析中，这种耦合通常利用建立耦合的刚性区域来实现，而在显式分析中由于没有耦合的功能，实际中往往采用向刚性体附加节点、应用共用节点法或定义接触来实现刚性体和柔性体或柔性体和柔性体之间的连接。如图 3.12 所示，利用关键字 CONSTRAINE-D_EXTRA_NO-DES_SET 将齿体与齿座接触面上的节点（图 3.12 中方形框内节点 EXTRA_NODES）附加到齿座上；合金头与齿体两个柔性体之间使用共用节点法来实现连接，如图 3.12 中所示的 SHARED_NODES。

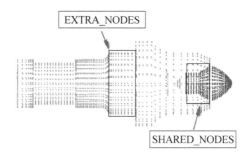

图 3.12　齿体柔性体的连接

　　齿座刚性体模型的约束是施加在其质心上的，且其约束自由度与运动自由度是互补的。所以，齿座需要约束除 X 轴平移自由度以外的所有自由度，通常在刚性体材料里定义。对于 X 轴方向的齿座平动速度的施加，可使用关键字 *BOUNDARY_PRESCRIBED_MOTION_RIDID 实现，以某型螺旋滚筒为例，其转速按 86.7 r/min、采煤机牵引速度按 4 m/min 计算可得单齿直线截割速度为 3.63 m/s，按一线两齿排列计算其截深为 23 mm，为了避免瞬时冲击，截割速度以阶跃函数曲线进行加载，如图 3.13 所示。

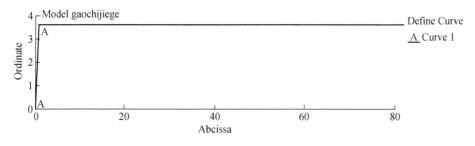

图 3.13　截齿加载速度曲线

　　截齿破煤是通过接触来传递二者之间力学行为的。截齿破煤需要采用面–面侵蚀接触类型，截齿定义为主片，煤岩定义为从片。这是由于侵蚀接触可以保证在煤岩的外部单元被侵蚀删除后，程序可以沿着被侵蚀的自由边界搜索从节点，这样截齿主片依然可以沿着新的煤岩单元自由边界建立接触行为，同时破碎的煤岩从节点尽管脱离了煤岩体结构而变为自由节点，仍然会与截齿主片发生接触作用，这样一来，在模拟中就考虑到截齿对破碎的煤岩的二次破碎作用，从而可以模拟截齿在截割煤岩过程中实际的力学行为。首先，接触主从片的定义可以选择节点组、片组、零件、组件等，对于面–面侵蚀接触，考虑到截齿中仅齿体头部与合金头参与破碎煤岩，故把其能接触到的所有节点定义为一个片组并作为接触主片；由于煤岩需要考虑到其内部的侵蚀，所以只能通过零件方式来定义接触从片。为减少接触计算时间，可以利用关键字 ∗ DEFINE_BOX 把可能和截齿接触到的煤岩单元包含在一个指定的六面体区域里，如图 3.14 所示。

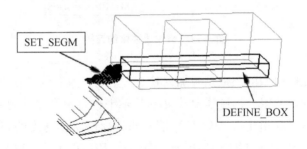

图 3.14　接触区域定义

　　接触卡片的定义如图 3.15 所示。其中，SPR 和 MPR 为接触主从片输出控制选项，输出截齿的接触界面云图需要将其开启。EROSOP 为内部侵蚀选

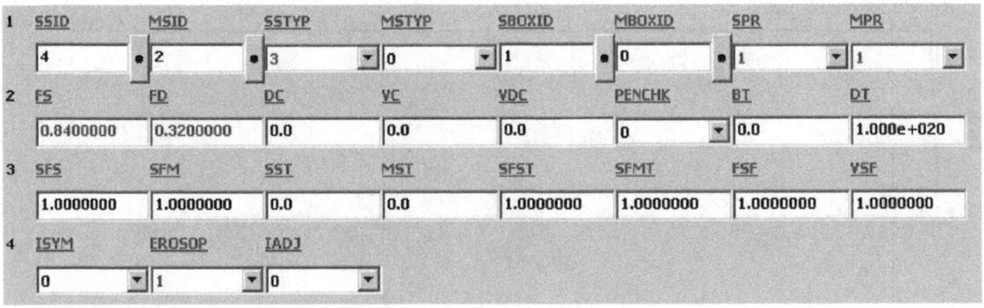

1	SSID	MSID	SSTYP	MSTYP	SBOXID	MBOXID	SPR	MPR
	4	2	3	0	1		1	1
2	FS	FD	DC	VC	VDC	PENCHK	BT	DT
	0.8400000	0.3200000	0.0	0.0	0.0	0	0.0	1.000e+020
3	SFS	SFM	SST	MST	SFST	SFMT	FSF	VSF
	1.0000000	1.0000000	0.0	0.0	1.0000000	1.0000000	1.0000000	1.0000000
4	ISYM	EROSOP	IADJ					
	0	1	0					

图 3.15　接触卡片的定义

项，将其开启是考虑到当岩石单元外表面发生失效时沿着新的自由表面接着发生侵蚀。

求解与求解控制是截齿破煤数值模拟实验中不可或缺的一环，正确的求解控制直接影响到求解的分析时间和分析精度。求解控制包括 3 个方面：第一，计算时间控制，包括终止时间控制、时间步控制、子循环等。第二，高级求解控制，包括能量控制、体积黏性系数控制、沙漏控制、自适应网格控制。第三、输出文件控制，包括输出频率控制、二进制输出文件等[35]。根据本书所建煤岩体模型的大小，完成一次截割需要 80 ms，因此设置终止时间 * CONTROL_TERMINATION 为 80，为缩短计算时间使用关键字 * CONTROL_TIMESTEP 进行质量缩放，在不超过程序计算的最小步长的前提下，使用质量缩放可大大减小求解时间，而对计算结果影响甚微。能量控制卡片中设置为包括沙漏能及滑移能计算，一般沙漏能不能超过总能量的 10%，否则结果不可靠。对于输出文件的控制如图 3.16 所示，其中除了所关心的数据需要输出外，考虑到多方案的破煤模拟，往往需要修改几个参数重复计算。另外当操作系统被意外中断时，也需要重新计算，因此需要输出重启动

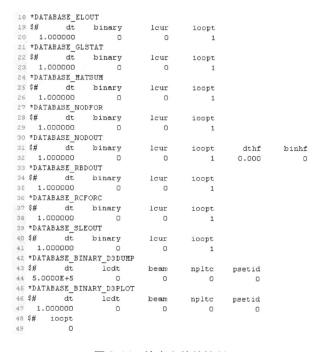

```
18 *DATABASE_ELOUT
19 $#        dt      binary      lcur      ioopt
20   1.000000         0         0         1
21 *DATABASE_GLSTAT
22 $#        dt      binary      lcur      ioopt
23   1.000000         0         0         1
24 *DATABASE_MATSUM
25 $#        dt      binary      lcur      ioopt
26   1.000000         0         0         1
27 *DATABASE_NODFOR
28 $#        dt      binary      lcur      ioopt
29   1.000000         0         0         1
30 *DATABASE_NODOUT
31 $#        dt      binary      lcur      ioopt      dthf      binhf
32   1.000000         0         0         1     0.000         0
33 *DATABASE_RBDOUT
34 $#        dt      binary      lcur      ioopt
35   1.000000         0         0         1
36 *DATABASE_RCFORC
37 $#        dt      binary      lcur      ioopt
38   1.000000         0         0         1
39 *DATABASE_SLEOUT
40 $#        dt      binary      lcur      ioopt
41   1.000000         0         0         1
42 *DATABASE_BINARY_D3DUMP
43 $#        dt        lcdt      beam      npltc      psetid
44  5.0000E+5         0         0         0         0
45 *DATABASE_BINARY_D3PLOT
46 $#        dt        lcdt      beam      npltc      psetid
47   1.000000         0         0         0         0
48 $#     ioopt
49          0
```

图 3.16　输出文件的控制

文件，其关键字为 * DATABASE_BINARY_D3DUMP。将设置好的 K 文件递交 LS-DYNA Solver 求解器，并根据自己的计算机配置设置好分配的内存和 CPU 数量后即可开始求解。

3.2.2　单齿数值模拟结果分析

（1）镐齿破煤机制的讨论

将求解结束后生成的 d3plot 文件在后处理软件 LS-PrePost 3.1 中打开即可查看其模拟结果，图 3.17 为截割过程中煤岩体失效破碎的单元，图 3.18 为镐齿破碎煤岩体的等效应力云图。从整个截割试验过程来看，截齿运行加载时，在截齿与煤岩的接触处将产生很高的应力，并集中在很小的范围内，主要体现在硬质合金头顶端。当接触力达到极限值时，煤炭局部单元开始被压碎破坏，并在截齿通过的过程中，其破碎的煤岩单元由截齿的前刃面高速排除，从而压碎范围不断扩大，直到接触面积增大到出现大面积单元崩落为止，这个结论与传统的破煤理论是一致的，因此也证实了模拟结果的可靠性。

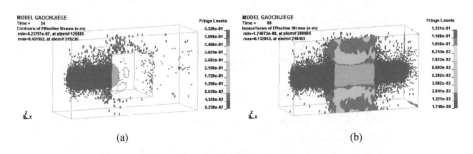

图 3.17　破碎失效的单元

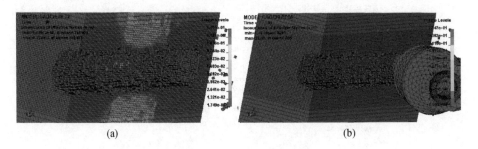

图 3.18　镐齿破煤等效应力云图

当镐齿截割过程中遇到岩石或包裹体时，其应力云图会产生突变，在煤岩混合界面附近的单元会出现明显的破碎崩落，从而致使镶嵌在煤层中的岩石或包裹体产生松动，几次截割冲击后小块岩石或包裹体会完全脱离煤层而被整块剥落下来。这个结论可以从图 3.19 煤岩体质量变化的时间历程曲线中进一步得到量化的证实，在截齿截割开始阶段，由于截齿只有少部分切入煤体，因此煤体质量变化较小，质量曲线的下降速度较缓慢，而随着截齿全部切入煤体后，产生大面积煤岩崩落，因此质量变化开始增大，曲线的斜率呈现增大趋势，当截齿遇到小块岩石或者硬质包裹体时，曲线下滑趋势明显增大，这是由于除了与截齿接触部分的单元产生大量崩落外，煤岩界面附近单元亦同时产生局部破碎失效，因此其质量迅速下降，截割包裹体结束后其质量变化曲线又趋于平缓。

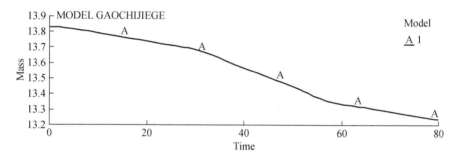

图 3.19　煤岩体质量变化时间历程曲线

（2）镐齿的三向载荷分析

在输出的二进制文件 ∗ ASCII_RCFORC 中可查看镐齿截割煤岩体接触的三向载荷谱，如图 3.20 所示。截齿破煤过程是小碎屑煤粉崩落与大块煤屑从煤体上交替崩落的过程。在各次崩落之间的时间内，运动的截齿压碎接触处的煤炭。压碎时切削力增大，而随着小块碎屑的崩落，产生大块煤屑并排出，会使切削力骤降，进而产生图 3.20 所示的锯齿形三向力载荷。一般情况下，单个截齿切削煤体，各崩落单元将随机连续地发生。文献中的大量实验数据也表明相邻崩落参数之间实际上没有关系，而超前飞出的煤体的出现及其延续时间与前一次崩落参数也没有关系，但是一次崩落参数之间是存在相互联系的。从载荷的平均值大小来看，截割阻力最大，挤压力次之，侧向力最小。侧向力主要在零值上下波动，这取决于截割方式。本模型模拟的平

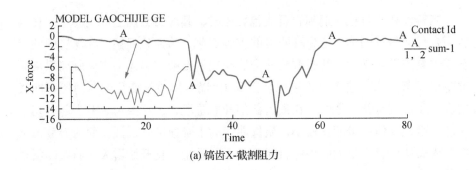

(a) 镐齿X-截割阻力

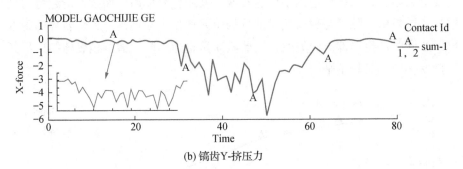

(b) 镐齿Y-挤压力

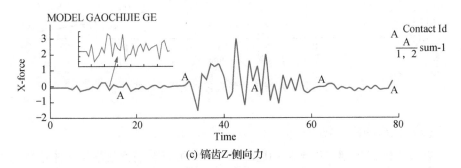

(c) 镐齿Z-侧向力

图 3.20　镐齿破煤三向力曲线

面式截割方式，即截齿在平坦的煤岩表面截割，截槽两侧边可以自由崩落，所以截齿两侧边受力基本相等，所以会出现侧向力在零值附近上下波动的情况。当采用棋盘式排列方式且截线距设置合理的情况下，截割方式可以是自由式的，即截齿只截割凸起的煤岩，这样侧向力值可以大为减小。

（3）镐齿应力分析

截齿的使用性能从截齿本身考虑取决于齿体的材质、硬质合金的性能和钎焊接头的质量，从外部原因考虑，还取决于截齿的结构参数与工作机构的工作参数、截齿的排列方式及煤岩的物理力学性质等。截齿是采煤机主要易损件，截齿的消耗率是评价采煤机工作经济性的一个重要指标，因此对截齿可靠性的分析对于提高截齿的可靠性和降低截齿的消耗率至关重要。截齿失效的主要形式为磨损（包括合金刀头、齿体），合金刀头脱落、碎裂及崩刃，齿体折断等。

截齿的强度包括合金头、齿体和焊缝强度三方面，其中焊缝强度在本模型中被认为是足够大的。根据第四强度理论，可从结果文件中提取出不同时刻的合金头及齿体的等效应力云图，如图 3.21 和图 3.22 所示。图 3.21 中①～⑫为按时间顺序的合金头等效应力云图，由图可见，合金头的最大应力

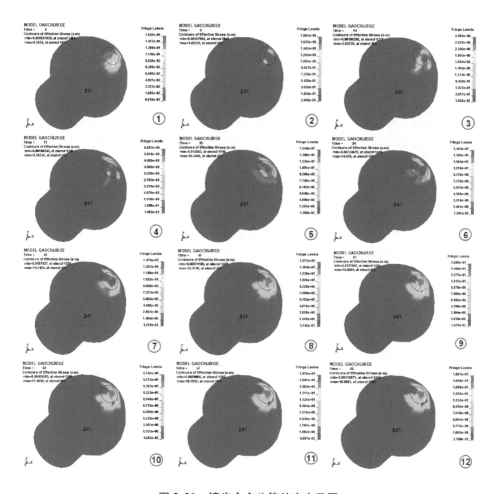

图 3.21 镐齿合金头等效应力云图

主要集中在齿尖的局部接触区域，在前刃面及其两侧呈现非对称性分布。根据对等效应力云图动画的观察，这种情况占绝大多数，这说明合金头主要以磨损失效为主，且呈现非对称性磨损。图 3.22 中①～⑨为按时间顺序排列的齿体等效应力云图，由图可见，齿体应力最大点基本集中在齿体顶端的前刃面及其两侧，这与合金头的受力情况基本一致，但是其应力值远远小于合金头的应力值。分析其原因，不难发现齿体与合金头连接部分过渡并不是很好，这样无疑会增加截割阻力，由于应力集中，齿体顶端部分会迅速磨圆。因此，在设计时应保证截齿在齿座内可以自由转动，以使截齿工作时受力均匀。图 3.23 为合金头和齿体最大等效应力单元时间历程曲线，其中合金头的最大应力呈现持续增长状态，这与合金头温度持续升高有直接关系。合金头长期处于高应力状态下，会使合金头迅速磨钝。磨钝后的截齿会大大增加其工作机构的截割阻力，进而严重影响到整机的工作性能。

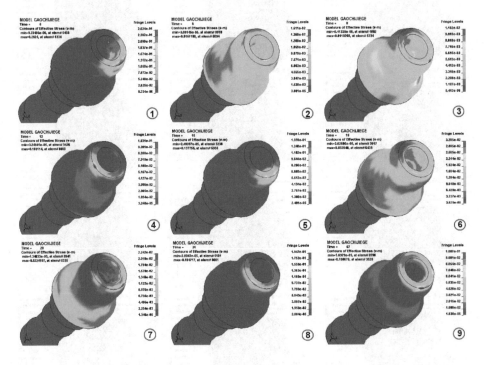

图 3.22　镐齿齿体等效应力云图

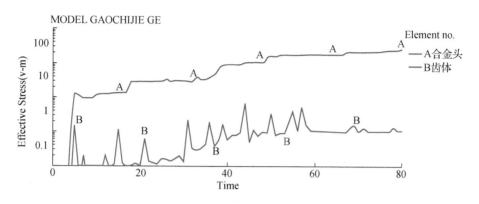

图 3.23 合金头和齿体最大等效应力单元时间历程曲线（log-lin）

3.2.3 螺旋滚筒破煤数值实验模型的建立

以某型薄煤层螺旋滚筒为原型。端盘截齿总数为 10 个，分为两组，每组 5 个，沿滚筒周向均匀布置在编号为 A、B、C、D 的 4 条截线上。其中 A 截线上截齿为 4 个，如图 3.24（a）中的深色截齿，B、C、D 三条截线上截齿各 2 个，截线 A、B、C、D 上截齿倾斜角分别为 35°、24°、12°和 0°。叶片上截齿为 16 个，以顺序式排列方式均匀布置在双头螺旋叶片上的 1 ~ 8 条截线上，采用一线两齿布置，如图 3.24（b）所示。其中叶片上各截线距相同，端盘上的截线距向端盘外侧依次减小。为了方便，对所有截齿分别做了 1 ~ 26 个编号，在 Pro/E 中建立其三维模型，如图 3.24（a）所示。

为节省计算时间，将螺旋滚筒模型中不必要的特征进行简化后，导入 ANSYS 进行单元的离散化，并在 ANSYS 中补建煤岩体模型。由于螺旋滚筒模型复杂、接触对众多，需要综合考虑模型的规模、仿真时间及与岩石的接

(a) 滚筒三维模型

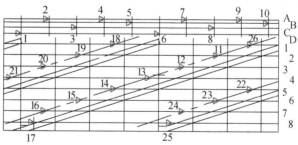

(b) 截齿排列图及其编号

图 3.24 实验所用滚筒原型

触行为。截齿相对于煤岩体刚度要大得多，在有限的机器配置的情况下，将整个截割头作为一个刚性体处理，且把刚性体的弹性模量取为合金头的弹性模量，使用四面体自由网格划分，局部人工控制其网格质量。为了节省计算时间，同时能够观察到滚筒全部截入煤壁时的满载状态，以滚筒的外包络线为准建立煤岩体模型，煤岩体模型为规则形体，可划分为六面体网格，如图3.25所示。螺旋滚筒的运动由沿着牵引方向的平动和绕滚筒轴的转动合成，按照截深600 mm、牵引速度4 m/min、滚筒转速86.7 r/min，对滚筒进行加载，如图3.26所示。另外，需要说明的是，为了能够提取不同位置的截齿的受力情况，需要单独对每一个截齿进行接触定义，由于所用滚筒共26个截齿，则应有26个接触对，将写好的K文件递交给LS-DYNA Solver求解器进行求解。

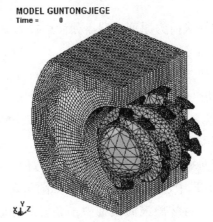

图 3.25　螺旋滚筒破煤有限元模型

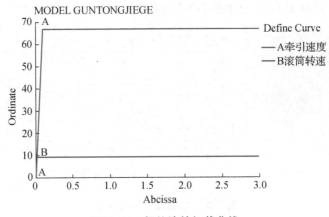

图 3.26　螺旋滚筒加载曲线

3.2.4 螺旋滚筒数值模拟结果分析

通过对螺旋滚筒破碎煤岩体的动力学数值模拟，可以随时动态观察螺旋滚筒破碎煤岩的动态过程，并可随时显示出应力最大值及其单元编号，图3.27（a）为螺旋滚筒破煤的瞬间，图3.27（b）为被滚筒截割后的煤岩。从图中可以看出，螺旋滚筒已经处于满载状态，其上的半数截齿已经进入工作状态。根据第四强度理论，在仿真时间为1.71 s内，模型的最大应力值为238.857 MPa，出现在0.37 s的90266单元，此单元为螺旋滚筒叶片上的12号截齿上合金头顶端部分接触的煤岩单元。截齿顶端长期处于高应力状态下会迅速磨钝，致使采煤机负荷加大，采煤机长期处于这种工作状态下，必然导致整机的薄弱环节如壳体、行星架、行星轴等的破坏，因此及时更换滚筒上磨钝的截齿是避免采煤机其他部件遭到严重损坏的有效手段，也是采煤机日常维护的重要环节。

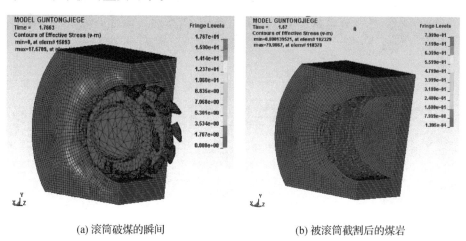

(a) 滚筒破煤的瞬间　　　　　　(b) 被滚筒截割后的煤岩

图3.27　螺旋滚筒破碎煤岩体

（1）煤岩塑性域分析

煤岩的塑性域是其破坏前的征兆，其大小直接反映了滚筒对煤岩做功的多少，塑性域的颜色分布反映了截齿的作用点位置的变化及煤岩的各向异性，其中最深色的部分是当前时刻截齿可能的作用位置，煤岩塑性域的厚度反映了在截齿接触煤岩的瞬间截齿对煤岩内部的损伤。研究螺旋滚筒的破煤过程，可以通过煤岩体塑性域及破坏带的发展变化，来定量地衡量滚筒的破煤效果，为螺旋滚筒的优化提供一种更为直观的方法。图 3.28 为螺旋滚筒截割煤岩体塑性域的变化过程，由图 3.28 ①可以看出，在 0.19 s 的时刻，17、21 号截齿首先楔入煤壁，并产生极小的塑性区域。随着滚筒的继续前进和旋转，塑性

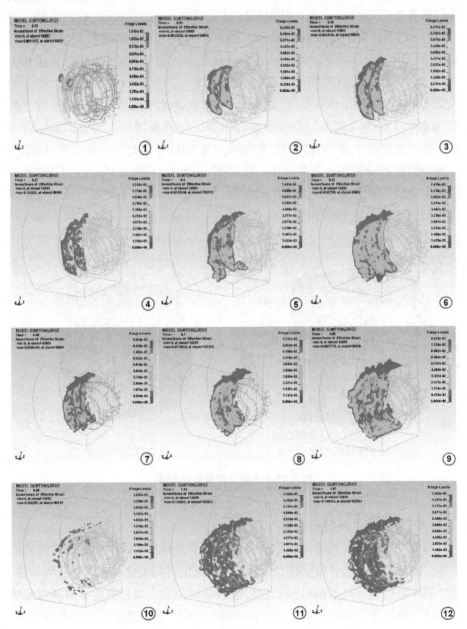

图 3.28　螺旋滚筒截割煤岩体塑性域的变化过程

区域不断扩大，并沿着滚筒轴向形成带状分布的塑性区域带，塑性区域的不连续说明叶片上的截线距设计过大，这将使滚筒截割过程中出现少量的煤脊，如图 3.28 ②～⑥所示。煤脊的出现必然导致工作机构载荷的增大，这是不允许的，因此根据不同的煤质对滚筒的设计与选型显得尤为重要。

随着螺旋滚筒的继续前进，更多的截齿相继进入工作状态，依次从图 3.28 ⑦～⑫不难看出随着工作截齿数目的增加，煤岩体塑性区域亦随之充满其内表面。但是煤岩体塑性区域变化并不是一致的，而是呈现出周期性的变化，如图 3.28 ①～③、④～⑥、⑦～⑨、⑩～⑫所示。说明其破碎煤岩的过程并不是连续发生的，而是随着其塑性区域厚度的不断增加，煤岩体内部损伤的能量不断积聚，当积聚的能量达到一定程度时，就会有大量的煤岩崩落，此时螺旋滚筒工作载荷会骤降为较低的水平，甚至为零。这种周期性出现的破碎现象必然会给采煤机带来强烈的振动与冲击，薄煤层中若夹杂有包裹体，这种现象会更加明显，致使其载荷呈现出强烈的非线性和瞬时性。

（2）螺旋滚筒工作载荷的获取及分析

螺旋滚筒的工作载荷无疑是大量学者研究的主要课题，载荷计算的准确与否直接关系到整台采煤机的设计与使用。利用数值模拟技术，在 LS-PRE-POST 程序中可以轻易提取出螺旋滚筒上每个截齿的工作载荷，图 3.29 为螺旋滚筒各截线上截齿的合力受力曲线。

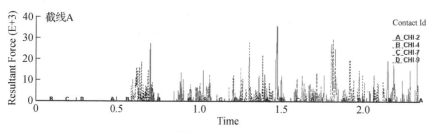

(a) A截线上各截齿所受合力曲线

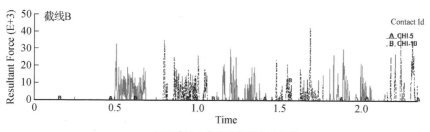

(b) B截线上各截齿所受合力曲线

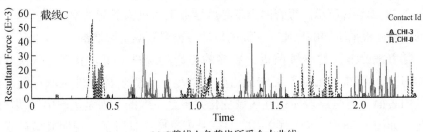

(c) C截线上各截齿所受合力曲线

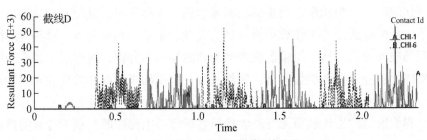

(d) D截线上各截齿所受合力曲线

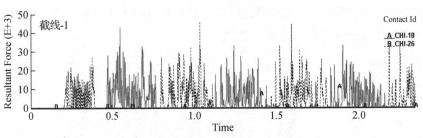

(e) 1截线上各截齿所受合力曲线

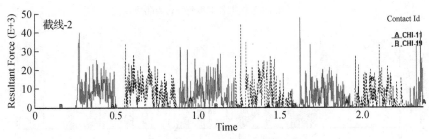

(f) 2截线上各截齿所受合力曲线

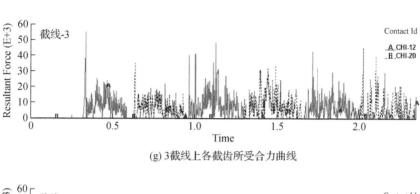

(g) 3截线上各截齿所受合力曲线

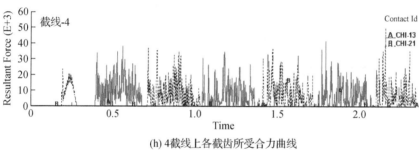

(h) 4截线上各截齿所受合力曲线

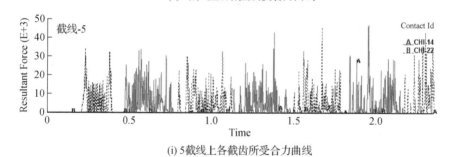

(i) 5截线上各截齿所受合力曲线

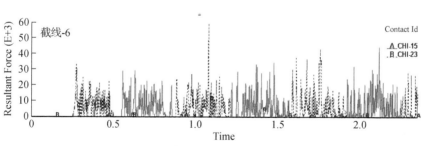

(j) 6截线上各截齿所受合力曲线

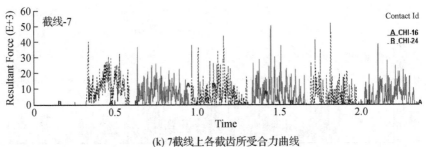

(k) 7截线上各截齿所受合力曲线

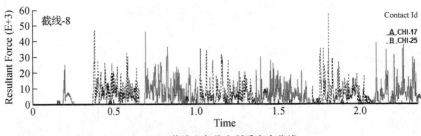

(l) 8截线上各截齿所受合力曲线

图 3.29　螺旋滚筒各截线上截齿受力曲线

　　由图 3.29 可以看出，17、21 号截齿最先接触煤壁，且接触煤壁的瞬间产生了很大的冲击，继而趋于平缓。这说明在滚筒刚刚切入煤壁的瞬间其载荷比较恶劣，因此切入煤壁时的牵引速度不宜过大，应缓慢切入，之后再将牵引速度逐渐提高至正常水平。将各截齿按照其所在截线的顺序绘制出其受力的平均值及标准差曲线，如图 3.30 所示，比较各截线上的截齿受力情况可知，处于滚筒上不同位置的截齿载荷不尽一致。A 截线上的 4 个截齿 2、4、7、9 号截齿所受载荷平均值及标准差均较小，而 B 截线上的 5、10 号截齿所受载荷平均值及标准差较之 A 截线则高出很多，C 截线上的 3、8 号截齿较前两条截线亦有所提升，从 D 至 8 截线的各截线截齿所受载荷平均值及标准差变化则较小。分析其原因不难看出，随着截线距的增加，各截齿的载荷依次增大；A 截线为一线四齿排列，其他截线均为一线两齿排列，同一截线截齿数越多，其截割厚度越小，因此其载荷亦越小。从本次实验来看，截齿楔入煤壁的方向对其载荷影响并不明显，即截齿的偏角对薄煤层小直径滚筒的载荷影响甚微。为研究同一截线上各截齿受力的相关性，按照截线编号的先后顺序将前后两截齿的相关系数变化画成曲线，如图 3.31 所示。由

图 3.31 可以看出，同一截线截齿载荷相关系数均在 0.3 以内，其相关性不大，可认为同一截线上各截齿间受力情况是相互独立的。

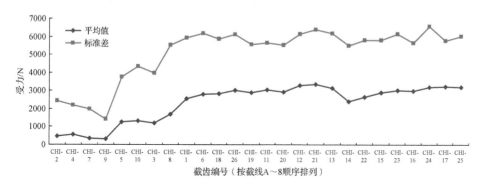

图 3.30 螺旋滚筒上各截齿受力平均值及标准差

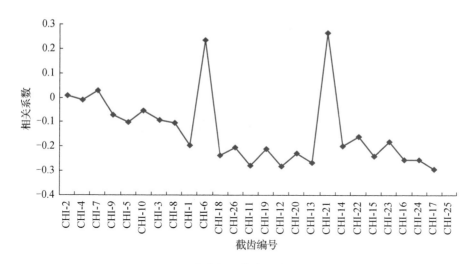

图 3.31 各截线上截齿受力相关系数

将各截齿所受截割力求和，可得出滚筒所受的三向力及其合力，如图 3.32 所示。由图可见，滚筒 X 向进刀合力与牵引方向相反（X 正向为牵引方向），滚筒 Y 向切削合力方向与滚筒转动方向相反，而滚筒沿 Z 轴的侧向合力则在零线附近波动，但其平均值不为零，这是由于本实验模型所用滚筒为顺序式排列，其截割断面呈长方形，若为棋盘式排列的滚筒，其截割断面接近于正方形，则其侧向合力接近于零。

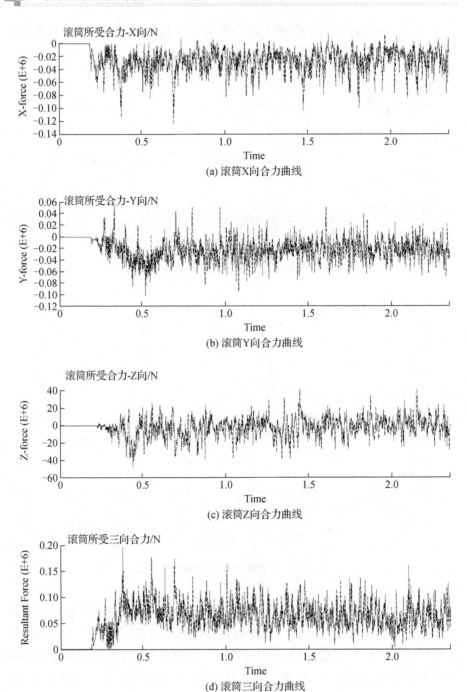

(a) 滚筒X向合力曲线

(b) 滚筒Y向合力曲线

(c) 滚筒Z向合力曲线

(d) 滚筒三向合力曲线

图3.32 螺旋滚筒受力曲线

3.3 本章小结

基于显式动力学软件 ANSYS/LS-DYNA，通过单齿截割数值模拟实验对镐齿的截割机制及其截割性能进行了研究，深入地分析了镐齿的截割机制及煤岩体破碎过程，并得到了镐齿截割含有煤岩混合界面的煤岩体载荷谱及镐齿应力分布云图，为镐齿结构的设计提供了理论依据；通过对螺旋滚筒破煤过程的数值模拟，获得了其破煤过程的动态响应，深入研究了其截割性能及其破煤规律，提取了螺旋滚筒上每个截齿的载荷谱，对不同位置截齿的载荷规律进行了研究，研究结果为薄煤层采煤机螺旋滚筒的设计提供了依据。

4 螺旋滚筒截割性能研究

4.1 采煤机工作机构优化设计及载荷计算

为提高螺旋滚筒设计能力和效率，基于螺旋滚筒设计要求，设计出如图4.1所示的截齿排列计算流程。通过输入螺旋滚筒的一些基本尺寸参数和运动学参数可计算出截齿排列参数，绘制截齿排列图，并为螺旋滚筒截割性能的计算提供必要的参数。

基于对滚筒受力及其装煤生产率的分析，根据螺旋滚筒的初步设计参数以及工况条件可以计算出所设计滚筒的装煤率。同时，在求出每支截齿的受力后，通过力、力矩转化原理将所有力转化到螺旋滚筒质心处形成三向力、三向力矩，同时根据滚筒受到的瞬时载荷计算出电机消耗功率、生产率以及截割比能耗等性能参数，其流程如图4.2所示。

MATLAB不仅能够快速实现复杂算法的计算，而且能够用较少的代码实现复杂的计算过程，但其在对图形界面进行编译方面的能力较弱；VB在图形界面编译方面的能力较强，但通过VB语言编程进行数值计算进而实现复杂算法时所需工作量较大。为此，将VB与MATLAB两种编程语言各自的优势进行互补，根据图4.3所示设计流程，利用MATLAB语言编制出截齿排列和截割性能计算部分的主体程序代码，通过Mbuild-setup和Mex-setup选择C++编译器将MATLAB的程序文件（.m文件）编译为动态链接库（.dll），在VB的引用工程中调用动态链接库，进而实现计算的运行。

最终根据MATLAB和VB编制出采煤机工作机构优化设计及载荷计算软件，如图4.4所示。软件采用可视化界面进行参数输入，简单明了、可操作性强且生成的数据易于储存和管理。同时该软件能根据煤层地质条件实现滚筒的初步设计，并根据设计参数计算出滚筒装煤率、截割电机功率及截割比能耗等性能数据；可生成滚筒所受到的力和力矩曲线，并可以直接生成载荷

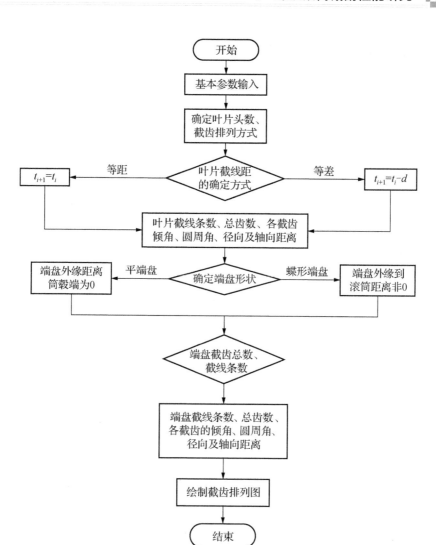

图 4.1　截齿排列计算流程

文本文件（.txt），为后续仿真提供载荷曲线。

　　为了与 MG400/951-WD 型电牵引采煤机配套，基于该型采煤机机身尺寸、截齿形状以及煤层条件，利用编制出的采煤机工作机构优化设计及载荷计算软件初步设计出一种截齿排列，如图 4.5 所示的 A 型螺旋滚筒。该滚筒具有 18 条截线，螺旋叶片升角为 12.17°。其中滚筒端盘截齿数为 12 个，

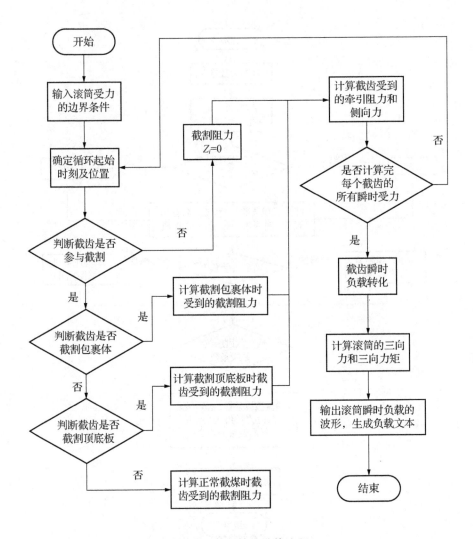

图 4.2　截割性能计算流程

分布在 A、B、C、D、E 截线上，A 截线上截齿为 4 个，B、C、D、E 截线上截齿各 2 个，截齿安装角均为 40°；5 条截线上的倾斜角分别为 15°、12°、8°、5° 和 2°；5 条截线上的转角分别为 45°、35°、20°、0° 和 10°。

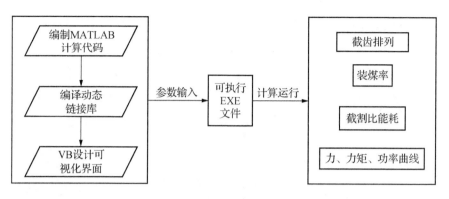

图 4.3　程序设计流程

(a) 登录界面

(b) 参数输入界面

图 4.4　采煤机工作机构优化设计及载荷计算软件

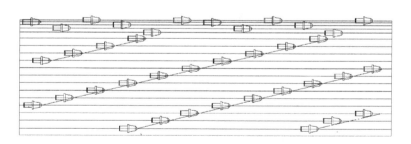

图 4.5　A 型螺旋滚筒截齿排列

4.2　煤岩性质对滚筒截割性能的影响

受煤层厚度变化及断层等地质构造的影响，采煤机在工作过程中会出现截割顶底板的情况，当煤层中含有一定数量的夹矸和硬质包裹体（主要成分是硫化铁结核）时，截齿也会对其进行破碎，如图4.6所示。

(a) 截割顶板　　　　　　　　　　　(b) 截割硬质包裹体

图4.6　截割顶板与硬质包裹体

由于煤岩性质变化，当滚筒截割顶底板、夹矸和硬质包裹体时，截齿载荷会出现较大的波动，进而影响采煤机的稳定性。通过对采煤机工作状态及煤层赋存条件的初步分析，确定出表4.1列出的4种典型截割工况。

表4.1　4种典型截割工况

工况	煤的 f 值	包裹体的 f 值	顶底板的 f 值	截割深度/ mm	滚筒转速/ (r/min)	牵引速度/ (m/min)
一	1.95	—	—	800	58	5
二	1.95	9	—	800	58	5
三	1.95	—	8.5（顶板0.4 m）	800	58	0.5
四	1.95	—	7.0（底板0.2 m）	800	58	0.5

利用采煤机工作机构优化设计及载荷计算软件实现滚筒的初步设计，根据 A 型螺旋滚筒的设计参数计算出截割电机功率以及截割比能耗等截割性能数据，同时可生成滚筒受到的力和力矩曲线。计算出 4 种工况下 A 型螺旋滚筒三向力曲线如图4.7所示，相应曲线对应数据统计如表4.2所示。由图4.7可见，滚筒在截割过程中受力呈现出周期性的波动。其中在前三种工况下，滚筒所受到三向力的数值关系是 $R_x > R_y > R_z$，即滚筒在垂直方向上所受到的合力最大、牵引方向上的力次之、沿滚筒轴向的力最小，而在第四种工况（截割底板）下则表现出 $R_y > R_x > R_z$，这是由于在对参与截割的截

齿受力进行转化与合成时，滚筒在垂直方向上受到的合力最大，而在截割底板时，由于摇臂下摆一定的角度，在对各个截齿受力的转化中滚筒在牵引方向上所受到的合力最大。

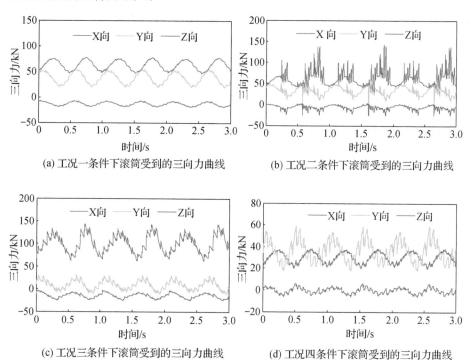

(a) 工况一条件下滚筒受到的三向力曲线 　　 (b) 工况二条件下滚筒受到的三向力曲线

(c) 工况三条件下滚筒受到的三向力曲线 　　 (d) 工况四条件下滚筒受到的三向力曲线

图 4.7　螺旋滚筒三向力曲线

表 4.2　螺旋滚筒截割性能指标统计

工况		三向力/kN			三向力矩/N·m			平均截割阻力矩/N·m	平均截割功率/kW
		最大值	最小值	平均值	最大值	最小值	平均值		
1	X	69.635	42.340	56.598	7256.499	1542.416	4374.706	51 276.79	294.86
	Y	49.351	17.453	33.695	5616.586	1999.624	4143.797		
	Z	1.478	−9.143	−4.019	49 285.011	40 354.924	45 341.197		
2	X	142.459	26.781	61.249	14 707.617	−9379.669	4618.232	105 048.91	327.88
	Y	59.622	−1.292	33.461	33 880.507	−4063.099	5028.628		
	Z	2.339	−24.806	−5.887	103 057.124	40 101.345	50 642.344		

续表

工况		三向力/kN			三向力矩/N·m			平均截割阻力矩/N·m	平均截割功率/kW
		最大值	最小值	平均值	最大值	最小值	平均值		
3	X	142.764	61.879	100.403	10 973.269	1804.261	6319.396	84 671.46	405.48
	Y	30.410	−11.282	8.771	10 325.846	−4668.911	2916.813		
	Z	−3.625	−25.084	−14.876	82 679.683	45 282.409	63 098.936		
4	X	38.363	19.757	30.058	6967.561	−1478.710	3461.710	47 156.43	232.24
	Y	59.095	17.747	36.462	5109.051	1314.305	3409.946		
	Z	6.117	−5.845	−0.360	45 164.657	29 440.07	35 289.606		

4 种工况下滚筒受到的瞬时三向力矩曲线如图 4.8 所示。由图 4.8 可见，4 种工况下三向力矩的数值关系均是 $M_z > M_x > M_y$，即力矩在沿滚筒轴

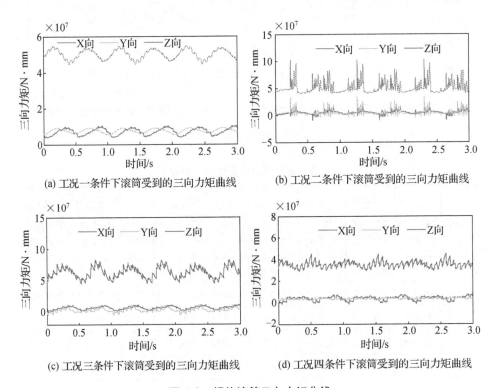

(a) 工况一条件下滚筒受到的三向力矩曲线

(b) 工况二条件下滚筒受到的三向力矩曲线

(c) 工况三条件下滚筒受到的三向力矩曲线

(d) 工况四条件下滚筒受到的三向力矩曲线

图 4.8　螺旋滚筒三向力矩曲线

向上最大、沿垂直方向上次之、沿牵引方向最小。在煤岩性质均匀、牵引速度相同的条件下，煤岩的坚固性系数越大，滚筒所受载荷就越大，但由于在单位时间内参与截割的齿数相同，滚筒所受载荷的波动趋于一致；当采煤机截割含有硬质包裹体的煤层时，滚筒所受的瞬时载荷波动明显高于其他3种工况，这是由于截齿初次从包裹体中央进行破碎时，其受力达到最大，当后面截齿再对该包裹体进行破碎时，其受力较前一截齿有所降低，不同截齿往复截割包裹体，使得载荷具有较大的突变；当滚筒由截割煤过渡到顶底板时，截齿上的瞬时载荷会发生变化，载荷波动比截割纯煤时大，但由于单位时间内参与截割纯煤和顶底板的截齿数目无较大变化，其波动又不像截割包裹体时那样剧烈。

计算得到不同工况下滚筒截割阻力矩和截割功率曲线，如图4.9所示。由图4.9可见，截割纯煤时，虽然牵引速度较大，但滚筒上瞬时截割阻力矩和滚筒消耗功率呈现出稳定的周期性波动；当截割含硬质包裹体的煤层时，由于截割对象性质的变化，导致滚筒受到的瞬时截割阻力矩突然增大，消耗大量的功率。当截割顶底板时，截齿在截岩和截煤之间不断转换，使滚筒负载与功率消耗具有较大波动。

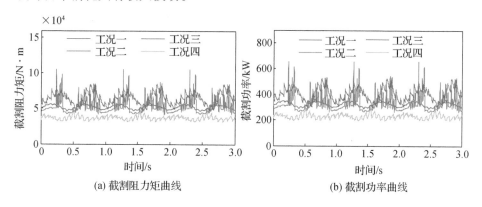

(a) 截割阻力矩曲线　　　　(b) 截割功率曲线

图4.9　螺旋滚筒阻力矩和截割功率曲线

以工况一为例，分析滚筒截割抗压强度在10～40 MPa范围内变化时的截割性能，得到滚筒上平均截割阻力矩、平均截割功率与煤层硬度之间的关系，如图4.10所示。由图4.10可见，滚筒截割阻力矩和截割功率随着煤层硬度的增大而增加。采煤机工作过程中，如果煤层硬度增大，截齿受力增加，导致滚筒功率消耗过大，极易造成截割电机过载。

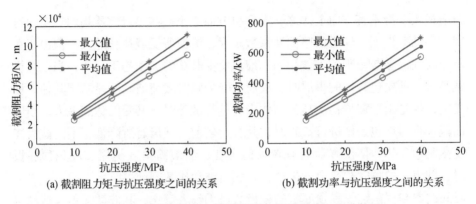

(a) 截割阻力矩与抗压强度之间的关系　　　(b) 截割功率与抗压强度之间的关系

图 4.10　截割阻力矩、截割功率与抗压强度之间的关系

以工况四为例，分析滚筒截割厚度在 100～400 mm 范围内变化时滚筒的截割性能，得到滚筒上截割阻力矩、截割功率与底板厚度之间的规律如图 4.11 所示，由图 4.11 可见，滚筒上的平均截割阻力矩和平均截割功率随着顶底板厚度的增加而增加。当滚筒截割底板厚度增加时，截齿受力不断增大，导致滚筒受到的截割阻力矩增大，消耗功率也不断增加；当底板与煤壁厚度的比例达到某一数值后，截割阻力矩增大的趋势减缓。

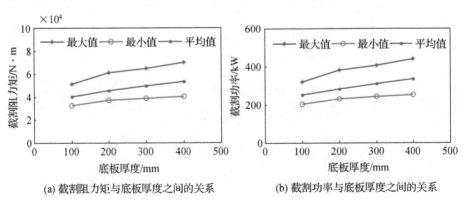

(a) 截割阻力矩与底板厚度之间的关系　　　(b) 截割功率与底板厚度之间的关系

图 4.11　截割阻力矩、截割功率与底板厚度之间的关系

4.3　结构参数对滚筒截割性能的影响

4.3.1　螺旋叶片升角对滚筒截割性能的影响

以工况一为例，得到具有不同螺旋叶片升角时螺旋滚筒的截割阻力矩和截割功率曲线及其数值统计如图 4.12 和表 4.3 所示。螺旋叶片升角由 6°增大到 18°时，截割阻力矩、截割功率最大值和最小值均随着螺旋叶片升角的增加而增大，负载波动在 18°时达到最大；当螺旋叶片升角大于 18°时，两者随着螺旋叶片升角增加而呈现出减小的趋势。这主要是由于螺旋叶片升角变化引起截齿相对位置变化，从而导致截齿截割顺序以及截割时间间隔变化，进而影响滚筒截割性能。但当截线距一定时，螺旋叶片升角增加将会使相邻截线上的两个截齿在圆周方向距离变小，从而导致上、下崩落线变短，切削面积也会随着螺旋叶片升角的增大而减小。

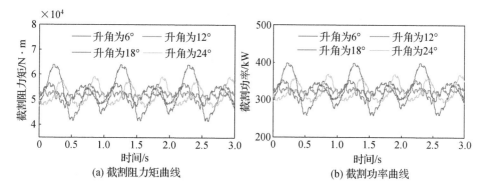

(a) 截割阻力矩曲线　　　　　　(b) 截割功率曲线

图 4.12　不同螺旋叶片升角滚筒截割阻力矩和截割功率曲线

表 4.3　螺旋滚筒截割性能指标统计

螺旋叶片升角/°	截割阻力矩/N·m			波动系数	平均截割功率/kW	平均截割比能耗/(kW·h/m³)
	最大值	最小值	平均值			
6	53 780.1565	41 476.1377	50 114.7434	0.0165	258.3800	0.5514
12	56 576.1324	46 425.5488	52 017.3458	0.0166	289.2100	0.5723
18	63 988.1798	49 966.3548	54 222.3414	0.0509	311.2600	0.5966
24	59 138.4246	47 050.8341	52 010.8485	0.0166	293.1000	0.5722

截割阻力矩、截割功率与螺旋叶片升角之间的关系如图 4.13 所示。由图 4.13 可见，螺旋叶片升角由 6°增大到 12°时，滚筒上负载和功率消耗最值均随着螺旋叶片升角的增加而增大，但增大的趋势较为平缓；当螺旋叶片升角在 12°~24°范围内变化时，负载与功率消耗最值变化较大；而随着螺

旋叶片升角的变化，滚筒负载及功率消耗均值变化较为平缓，这是由于滚筒转速以及牵引速度相同，单位时间内参与截割的截齿总数及其截割厚度并没有发生明显的变化，使得滚筒上平均截割阻力矩和截割功率变化较小。小螺旋叶片升角滚筒的负载稳定性较好，但截割落下的煤块粒度较小，而大螺旋叶片升角滚筒的装煤效果相对较好。

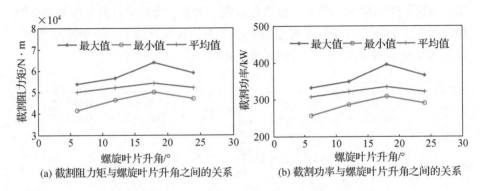

(a) 截割阻力矩与螺旋叶片升角之间的关系　　(b) 截割功率与螺旋叶片升角之间的关系

图 4.13　截割阻力矩、截割功率与螺旋叶片升角之间的关系

4.3.2　滚筒宽度对滚筒截割性能的影响

以工况一为例，保持原有滚筒端盘截齿安装位置不变，分析宽度在650～800 mm 范围内变化时螺旋滚筒的截割性能，得到不同宽度螺旋滚筒受到的截割阻力矩和截割功率曲线及其数值统计如图 4.14 和表 4.4 所示。由图可见，螺旋滚筒的宽度变化导致其受到的截割阻力矩和截割功率出现了明显不同，且两者随着滚筒宽度增加而呈现出明显增大的趋势。小宽度螺旋滚

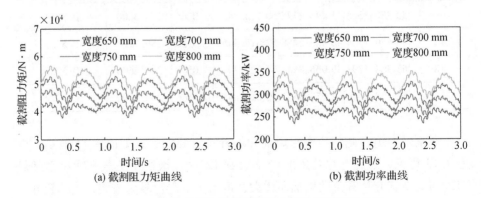

(a) 截割阻力矩曲线　　　　　　　(b) 截割功率曲线

图 4.14　不同宽度螺旋滚筒截割阻力矩和截割功率曲线

筒相对于大宽度螺旋滚筒所受负载和功率消耗的波动却有所加大。这主要是由于叶片上截齿所受负载波动小于端盘上的截齿，而滚筒宽度不同导致单位时间内参与截割的截齿总数不同，在端盘截齿数目保持不变的情况下，叶片上参与截割的截齿越多，负载和功率消耗的波动相对就越小。

表4.4 螺旋滚筒截割性能指标统计

宽度/ mm	截割阻力矩/N·m			波动系数	平均截割功率/kW	平均截割比能耗/(kW·h/m³)
	最大值	最小值	平均值			
800	56 576. 1920	46 425. 2318	52 114. 3535	0.0409	324. 6455	0.5734
750	52 719. 2546	42 756. 3254	48 668. 5462	0.0518	303. 1742	0.5712
700	48 109. 6421	39 886. 6711	44 971. 4578	0.0560	280. 1470	0.5655
650	43 409. 3214	37 720. 6472	41 349. 6428	0.0609	257. 5842	0.5599

截割阻力矩、截割功率与滚筒宽度之间的关系如图 4.15 所示。由图 4.15 可见，截割阻力矩、截割功率的最大值、最小值和平均值随着截深的增加而增大，在牵引速度以及滚筒转速保持不变的情况下，滚筒宽度的加大能够有效增加截深进而提高生产率，但截深过大将会增加单位时间内参与截割的截齿总数，使得滚筒上平均截割阻力矩和截割功率消耗增大；减小滚筒宽度能够有效降低滚筒负载以及功率消耗，但其负载波动较大，影响采煤机的稳定性，同时由于最大截深的限制，其生产率也会受到影响。

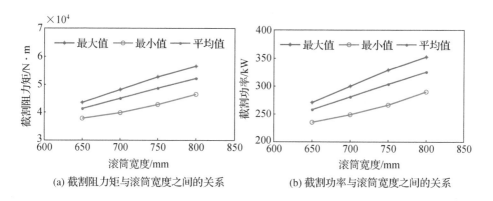

(a) 截割阻力矩与滚筒宽度之间的关系   (b) 截割功率与滚筒宽度之间的关系

图 4.15 截割阻力矩、截割功率与滚筒宽度之间的关系

4.3.3 截齿排列方式对滚筒截割性能的影响

以 A 型螺旋滚筒为原型，同时结合相似理论，得到截齿分别为棋盘式排列、混合 I 式排列以及混合 II 式排列的其他 3 种螺旋滚筒，如图 4.16 所示。其中棋盘式排列和混合 I 式排列滚筒叶片上截线总数与原顺序式排列滚筒一致，均为 13 条；混合 II 式排列滚筒叶片上截线距为原顺序式排列滚筒截线距的 1/2，其叶片截线总数为 26 条。

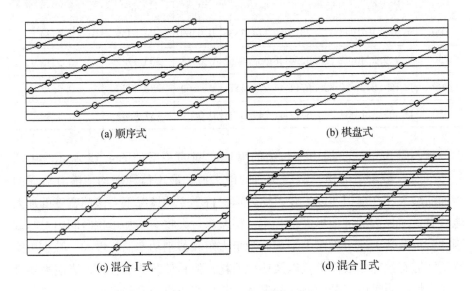

(a) 顺序式

(b) 棋盘式

(c) 混合 I 式

(d) 混合 II 式

图 4.16　叶片上不同截齿排列方式

对图 4.16 所示的 4 种不同排列方式的螺旋滚筒分别在表 4.1 所列的 4 种典型工况下的负载进行仿真，得到不同工况下螺旋滚筒所受到的瞬时截割阻力矩以及截割功率，如图 4.17 所示。由图 4.17 可见，当采煤机牵引速度、滚筒转速、煤岩性质均保持不变的情况下，采用不同截齿排列方式的螺旋滚筒受到的瞬时截割阻力矩和截割功率出现明显不同。不同排列方式的螺旋滚筒在不同工况下的截割阻力矩的平均值表现为混合 II 式 > 顺序式 > 棋盘式 > 混合 I 式。

由于混合 II 式排列和顺序式排列的螺旋滚筒叶片上截齿总数均为 26 个，而混合 I 式排列和棋盘式排列的螺旋滚筒叶片上截齿总数均为 13 个，在保持滚筒宽度不变的情况下，前两种螺旋滚筒的截齿分布密度是后两种螺旋滚筒的 2 倍，截齿分布密度变化造成了滚筒受到的截割阻力矩不同；在截齿分布密度相同的情况下，混合Ⅱ式排列的滚筒受到的截割阻力矩要较顺序式排列的滚筒大，而混合Ⅰ式排列的滚筒则比棋盘式排列的滚筒受到的截割阻力矩稍小，但相差不是很大。滚筒受到截割阻力矩的大小决定着截割过程中功率的消耗，不同排列方式滚筒截割消耗的功率变化与截割阻力矩的变化规律基本一致。

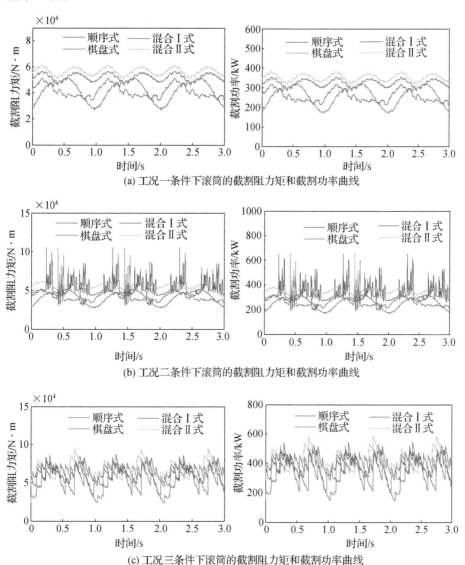

(a) 工况一条件下滚筒的截割阻力矩和截割功率曲线

(b) 工况二条件下滚筒的截割阻力矩和截割功率曲线

(c) 工况三条件下滚筒的截割阻力矩和截割功率曲线

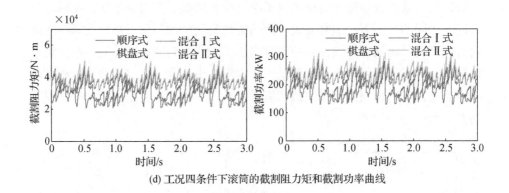

(d) 工况四条件下滚筒的截割阻力矩和截割功率曲线

图 4.17　不同截齿排列方式滚筒的截割阻力矩和截割功率曲线

对不同截齿排列方式滚筒的截割阻力矩和截割功率进行数值统计的结果如表 4.5 所示。由表 4.5 可见，混合 I 式和棋盘式排列的滚筒在截割过程中负载的波动明显高于混合 II 式和顺序式排列的滚筒，由于截线上截齿分布密度的不同，混合 I 式和棋盘式排列的滚筒单位时间内的切削厚度大于混合 II 式和顺序式排列的滚筒，使得前两种滚筒上的单齿截割受力也较大。4 种截齿排列方式中，由于顺序式排列方式每条截线上的两个截齿均匀分布，单位时间内参与截割的截齿数相等，使滚筒上所受冲击载荷的波动较其余 3 种滚筒的波动小。混合 I 式和棋盘式排列的滚筒虽然都是一线单齿，但棋盘式排列滚筒负载的波动明显高于混合 I 式排列滚筒，尤其截割含有硬质包裹体煤层时，这种波动上的差异更为明显。混合 II 式排列的滚筒由于截齿数目较多，使得滚筒受到的截割负载较大，但其单位时间内参与截割的截齿数目较为稳定，使得滚筒负载波动较小。由于 4 种截齿排列方式的截齿单位时间内的切削厚度不同，导致其在截割时块煤率也有较大区别，主要表现为混合 I 式和棋盘式排列滚筒的块煤率较大，顺序式排列滚筒次之，混合 II 式排列滚筒的块煤率最小。综上，螺旋滚筒的设计要综合考虑载荷的波动及块煤率等因素。

表 4.5　螺旋滚筒截割性能指标统计

工况	截齿排列方式	截割阻力矩/N·m			波动系数	平均截割功率/kW	平均截割比能耗/(kW·h/m³)
		最大值	最小值	平均值			
一	顺序式	56 576.1920	46 425.2318	52 114.3535	0.0409	324.6455	0.5734
	棋盘式	51 573.1201	27 184.1122	41 574.6729	0.0814	258.9887	0.4574
	混合Ⅰ式	51 003.5592	34 113.6414	41 267.4590	0.0634	257.0749	0.454
	混合Ⅱ式	61 300.2597	50 549.7341	56 444.9855	0.0489	351.6231	0.621
二	顺序式	105 048.9037	42 093.1249	52 634.1243	0.0901	327.8834	0.5791
	棋盘式	101 872.0339	27 184.1122	42 310.2684	0.2220	263.5711	0.4655
	混合Ⅰ式	90 840.2462	30 506.0623	42 018.4489	0.1704	261.7532	0.4623
	混合Ⅱ式	101 598.3366	48 302.2450	57 314.4140	0.0925	357.0392	0.6306
三	顺序式	84 671.4632	47 274.1890	65 090.7159	0.1248	405.4815	7.1615
	棋盘式	80 735.9938	23 632.9002	57 400.2480	0.2520	357.5739	6.3154
	混合Ⅰ式	87 125.0305	34 050.4311	56 985.5892	0.2251	354.9908	6.2698
	混合Ⅱ式	93 399.8561	53 694.9336	68 258.7885	0.1337	425.2170	7.5101
四	顺序式	46 905.4547	31 409.1807	37 053.9114	0.0576	230.8267	4.0768
	棋盘式	45 395.3712	21 025.5638	30 386.4433	0.1880	189.2918	3.3432
	混合Ⅰ式	45 208.1524	20 756.4437	30 277.5010	0.1735	188.6132	3.3312
	混合Ⅱ式	49 994.4527	31 371.3534	38 551.1112	0.0639	240.1535	4.2415

4.4 运动参数对滚筒截割性能的影响

4.4.1 滚筒转速对滚筒截割性能的影响

螺旋滚筒通过自身的旋转实现破煤和装煤的任务。滚筒转速过高会导致单个截齿切削量减小、煤的块度减小、粉煤量增大以及单位能耗增加；但高转速螺旋滚筒能够有效地将煤块抛出筒毂，使其在叶片内循环，最终抛落到运输机上。以工况一为例，分析转速在 48～78 r/min 范围内变化时滚筒的截割性能，得到不同转速下滚筒的截割阻力矩和截割功率曲线及其数值统计如图 4.18 和表 4.6 所示。

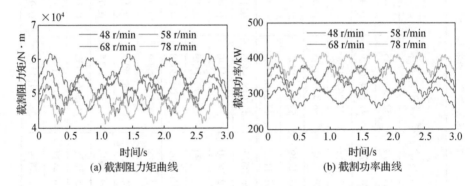

图 4.18　不同转速下滚筒的截割阻力矩和截割功率曲线

表 4.6　螺旋滚筒截割性能指标统计

转速/ (r/min)	截割阻力矩/N·m			波动系数	平均截割功率/kW	平均截割比能耗/(kW·h/m³)
	最大值	最小值	平均值			
48	61 628.2215	50 330.3987	56 684.6751	0.0530	292.2341	0.5161
58	56 576.1920	46 425.2318	52 114.3535	0.0509	324.6455	0.5734
68	52 729.8818	43 465.4545	48 620.1588	0.0504	355.0989	0.6272
78	49 683.0592	41 119.3866	45 875.2033	0.0487	384.3232	0.6788

螺旋滚筒截割阻力矩、截割功率与转速之间的关系如图 4.19 所示。由图 4.19 可见，滚筒转速越大，其受到的瞬时截割阻力矩越小，而功消耗率

却不断增加。这是由于高转速滚筒上同一截线相邻截齿截割时间间隔变短，单齿切削量变小，从而导致高转速滚筒受到的负载小于低转速滚筒；而随着转速的提高，滚筒在单位时间内的转数也会增加，使滚筒载荷出现的波峰多于低转速滚筒，同时单位时间内参与截割的截齿总数也会增加，使得其功率消耗高于低转速滚筒。

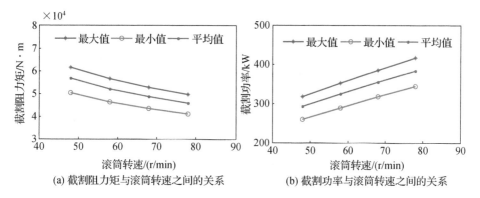

(a) 截割阻力矩与滚筒转速之间的关系　(b) 截割功率与滚筒转速之间的关系

图 4.19　截割阻力矩、截割功率与滚筒转速之间的关系

4.4.2　旋转方向对滚筒截割性能的影响

右旋滚筒逆转时，其转向与被截下煤炭颗粒下落方向相反，煤流在螺旋叶片的作用下抛出；左旋滚筒顺转时，其转向与被截下煤炭颗粒下落方向相同，煤块通过挤压的形式流出。以工况一为例，对不同旋向的滚筒截割性能进行分析，得到不同旋向的滚筒截割阻力矩和截割功率曲线及其数值统计如图 4.20 和表 4.7 所示。滚筒逆转时受到的负载、功率消耗以及截割比能耗

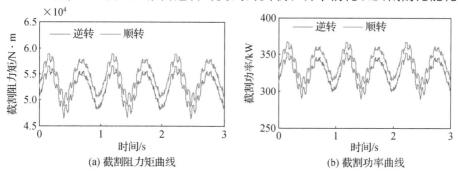

(a) 截割阻力矩曲线　　　　　　　　(b) 截割功率曲线

图 4.20　不同旋向滚筒的截割阻力矩和截割功率曲线

均小于顺转，由于旋转方向的改变，破碎的煤岩体在筒毂和叶片包络范围内的填充系数不同，导致不同旋向下滚筒受到的装煤反力发生了变化，使得顺转截割时的功率消耗和截割比能耗比逆转截割时增大了约4.5%。虽然滚筒旋向不同，但由于滚筒截齿排列、滚筒转速以及牵引速度等参数相同，单位时间内参与截割的截齿数目以及截割厚度均保持不变，滚筒在截割时的负载波动趋势仍保持一致。

表 4.7 螺旋滚筒截割性能指标统计

滚筒旋向	截割阻力矩/N·m			波动系数	平均截割功率/kW	平均截割比能耗/(kW·h/m³)
	最大值	最小值	平均值			
逆转	56 576.1920	46 425.2318	52 114.3535	0.0509	324.6455	0.5734
顺转	58 914.3678	48 763.4076	54 453.9872	0.0496	339.2111	0.5991

4.4.3 牵引速度对滚筒截割性能的影响

对工况一、工况二条件下采煤机牵引速度变化范围为 2 ~ 5 m/min 和工况三、工况四条件下采煤机牵引速度变化范围为 0.5 ~ 2 m/min 时螺旋滚筒截割性能进行分析，得到螺旋滚筒截割阻力矩和截割功率曲线及其数值统计如图 4.21 和表 4.8 所示。在采煤机滚筒转速、煤岩性质均保持不变的情况下，螺旋滚筒受到的瞬时截割阻力矩和截割功率随着牵引速度的增加而增大。这是由于当牵引速度增大时，单位时间内参与截割的截齿截割厚度增大，在参与截割截齿数目保持不变的情况下，滚筒所受负载波动加大。相同牵引速度下，截割含有包裹体煤层时滚筒最大负载约为截割纯煤时的 2 倍，

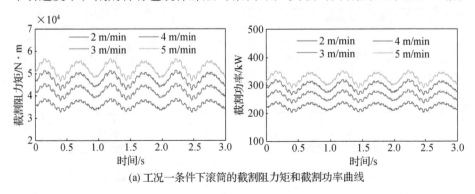

(a) 工况一条件下滚筒的截割阻力矩和截割功率曲线

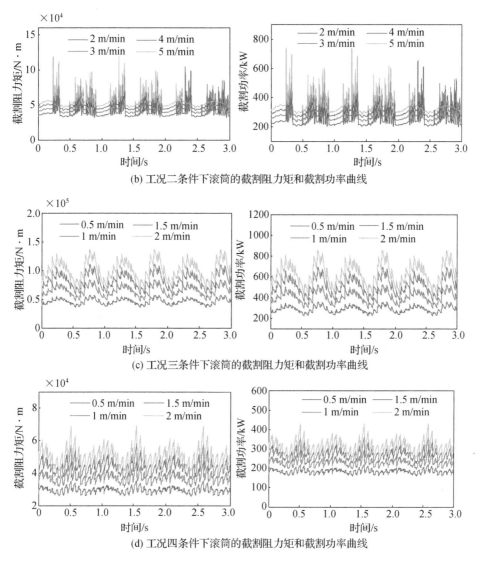

(b) 工况二条件下滚筒的截割阻力矩和截割功率曲线

(c) 工况三条件下滚筒的截割阻力矩和截割功率曲线

(d) 工况四条件下滚筒的截割阻力矩和截割功率曲线

图4.21 不同牵引速度下滚筒的截割阻力矩和截割功率曲线

而负载波动系数为截割纯煤时的 3～4 倍,并且随着牵引速度的增大,两者之比还会增大;当滚筒由截割煤过渡到顶底板时,由于煤岩性质变化,导致截齿上的瞬时负载发生变化,负载波动比截割纯煤时大,由于单位时间内参与截割顶底板的截齿数目无较大变化,使得负载波动没有截割包裹体时剧烈。

表 4.8 螺旋滚筒截割性能指标统计

| 工况 | 牵引速度/
（m/min） | 截割阻力矩/N·m | | | 波动系数 | 平均截割功率/
kW | 平均截割比能耗/
（kW·h/m³） |
		最大值	最小值	平均值			
一	2	38 604.3214	32 626.3454	35 925.8712	0.0467	223.7916	0.9882
	3	45 380.1546	37 817.5640	42 019.6523	0.0429	261.7590	0.7705
	4	51 277.5464	42 347.1237	47 333.9862	0.0415	294.8600	0.6510
	5	56 576.1920	46 425.2318	52 114.3535	0.0409	324.6455	0.5734
二	1	72 450.6234	32 102.6872	39 595.6415	0.1862	246.6551	1.0891
	2	89 698.4623	37 433.1258	46 913.8547	0.1679	292.2411	0.8603
	3	105 054.4678	42 093.9645	53 341.5849	0.1638	332.2852	0.7336
	4	119 094.5612	46 295.2546	56 984.8274	0.1534	354.7549	0.6270
三	0.5	57 665.4832	36 098.7561	46 448.5947	0.1348	289.2663	5.1104
	1	84 671.4632	47 274.1890	65 090.7159	0.1248	405.4815	3.5808
	1.5	111 382.4612	57 883.6514	83 324.9853	0.1053	519.0371	3.0559
	2	137 918.5462	68 149.6284	101 295.9276	0.0866	630.9902	2.7862
四	0.5	35 148.5467	25 701.5642	29 531.8631	0.0776	183.9615	3.2492
	1	46 905.8672	31 409.4583	37 054.8656	0.0655	230.8268	2.0385
	1.5	58 176.6863	36 442.7981	43 908.6413	0.0617	273.5230	1.6103
	2	69 153.1327	41 067.1465	50 360.8674	0.0571	313.7149	1.3852

　　螺旋滚筒截割阻力矩、截割功率与牵引速度之间的关系如图4.22和图4.23所示。由图可见，截割阻力矩、截割功率均值随着牵引速度的增加而增大，在截深以及滚筒转速保持不变的情况下，牵引速度过大将会增加截齿在单位时间内的截割厚度，使得滚筒上平均截割阻力矩和截割功率消耗增大，影响截割过程中采煤机的稳定性。螺旋滚筒在4种工况下的截割阻力矩与截割功率平均值随牵引速度增加而增大的幅度表现为工况三＞工况四＞工况二＞工况一。这是由于在截割含包裹体煤层时，截齿破碎硬质包裹体使螺旋滚筒承受较大的负载；由于顶板岩石的坚固性和截割厚度比底板大，滚筒在截割顶板受到的平均负载高于截割底板，使截割顶底板时滚筒受到的截割阻力矩和截割功率随牵引速度增加而增大的幅度高于工况一和工况二。

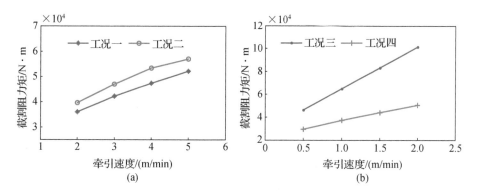

图4.22　截割阻力矩与牵引速度之间的关系

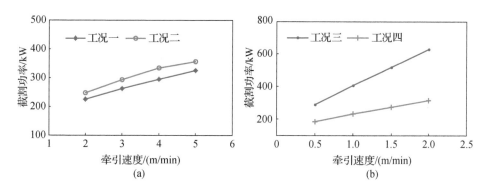

图4.23　截割功率与牵引速度之间的关系

4.5 本章小结

本章利用 MATLAB 和 VB 联合开发出"采煤机工作机构优化设计及载荷计算软件",利用软件获取了不同工况下螺旋滚筒受力、截割阻力矩、截割比能耗以及截割功率等数据,分析了煤岩性质、结构参数以及运动参数对螺旋滚筒截割性能的影响;同时,针对软件生成的负载,本研究解决了后续对采煤机进行动力学分析的载荷施加问题。研究结果对于螺旋滚筒的辅助设计和性能优化提供了参考依据。

5 螺旋滚筒装煤过程 DEM 数值模拟研究

若把煤层看作由一系列离散的煤炭颗粒组成的连续介质[171]，螺旋滚筒装煤的过程则可以看作连续介质在破碎为离散颗粒后进行装运的过程。根据煤炭颗粒之间以及煤层与滚筒之间的接触本构模型，煤炭内部以及煤层与滚筒之间产生的接触力可通过牛顿第二定律进行计算，进而确定煤炭颗粒的运动以及位置信息。通过 DEM 数值模拟能够得到装煤过程中煤炭颗粒的运动特性及其他试验难以获取的微观数据，从而更好地指导螺旋滚筒的设计。

5.1 颗粒离散元接触理论

假设两球形颗粒 i 和 j 分别以速度 v_i、v_j 和角速度 ω_i、ω_j 运动相碰撞，颗粒在接触瞬间的受力如图 5.1 所示。颗粒在接触碰撞时不仅会受到来自其余颗粒的法向及切向接触力 $F_{cn,ij}$ 和 $F_{ct,ij}$ 的影响，同时还会受到法向及切向接触阻尼力 $F_{dn,ij}$ 和 $F_{dt,ij}$ 的作用[172]。

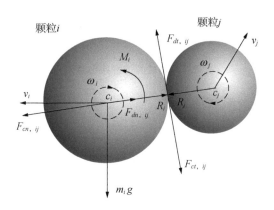

图 5.1　颗粒接触动力学模型

在颗粒之间相互作用力、力矩以及自身重力等因素的综合作用下，颗粒将处于不断移动和旋转当中。此时，第 i 个颗粒的运动可按式（5.1）计算：

$$\begin{cases} M_i \dfrac{\mathrm{d}v_i}{\mathrm{d}t} = m_i g + \sum_{j=1}^{n_i}(F_{cn,ij} + F_{ct,ij}) \\ I_i \dfrac{\mathrm{d}v_i}{\mathrm{d}t} = \sum_{j=1}^{n_i}(M_{t,ij} + M_{r,ij}) \end{cases} \qquad (5.1)$$

式中：M 为颗粒质量；g 为重力加速度；I 为颗粒转动惯量；n_i 为能够与颗粒 i 发生接触的颗粒数目之和；$M_{t,ij}$ 为接触时产生的切向力矩；$M_{r,ij}$ 为接触时产生的滚动摩擦力矩。

假设颗粒表面光滑，且性质是均匀分布的，虽然两颗粒在碰撞时产生接触的面积很小，但在碰撞的瞬间颗粒接触范围内会发生较小的弹性变形，颗粒间的弹性变形如图 5.2 所示。此时，可通过 Hertz 接触理论对颗粒间产生的法向作用力进行计算。

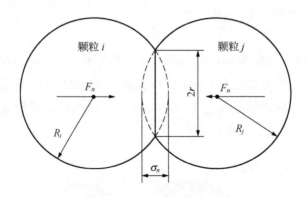

图 5.2　颗粒间弹性接触变形

重叠量 σ_n 可按式（5.2）计算：

$$\sigma_n = R_i + R_j - |c_i - c_j| > 0 \qquad (5.2)$$

式中：R_i 和 R_j 分别为两颗粒半径；c_i 和 c_j 分别为两颗粒质心位置矢量。

接触面半径 r 可按式（5.3）计算：

$$r = \sqrt{\sigma_n R^*}, \qquad (5.3)$$

法向刚度系数和切向刚度系数可按式（5.4）和式（5.5）计算：

$$k_n = \frac{4}{3} E^*(R^*)^{1/2}, \qquad (5.4)$$

$$k_s = (1/2 \sim 2/3)k_n。 \tag{5.5}$$

式中：R^* 为有效颗粒半径；E^* 为有效弹性模量。颗粒间法向力 F_n 则为

$$F_n = \frac{4}{3}E^*(R^*)^{1/2}\sigma_n^{3/2}。 \tag{5.6}$$

其中：

$$\frac{1}{R^*} = \frac{1}{R_i} + \frac{1}{R_j}, \tag{5.7}$$

$$\frac{1}{E^*} = \frac{1-\nu_i^2}{E_i} + \frac{1-\nu_j^2}{E_j}。 \tag{5.8}$$

式中：E_i 和 E_j 分别为两颗粒的弹性模量；ν_i 和 ν_j 分别为两颗粒的泊松比。

当接触颗粒 i 和 j 之间的重叠量增量为 $\Delta\sigma_n$ 时，则法向力增量可根据式（5.9）求得：

$$\Delta F_n = 2E^*\Delta\sigma_n\sqrt{\sigma_n R^*} = 2rE^*\Delta\sigma_n。 \tag{5.9}$$

根据 M-D 接触理论得到颗粒在接触时产生的切向变形如图 5.3 所示，当两颗粒在碰撞过程中产生切向接触时，在颗粒接触球面产生的滑移不仅会造成颗粒表面产生形变，而且会使挤压变形向颗粒内部不断扩展。

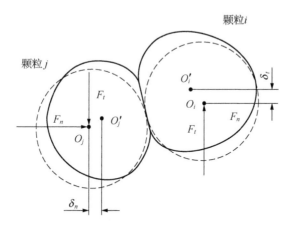

图 5.3　颗粒间切向接触变形

切向力增量 ΔF_t 与位移增量 $\Delta\delta_t$ 之间的关系可以表示为

$$\Delta F_t = 8rG^*\theta_k\Delta\delta_t + (-1)^k\mu(1-\theta_k)\Delta F_n。 \tag{5.10}$$

式中：μ 为颗粒静摩擦系数；G^* 为有效刚性模量；$k=0$、1、2 时分别对应切向力加载、卸载和再次加载的情况。

当 $|\Delta F_t| < \mu \Delta F_n$ 时, $\theta_k = 1$; 当 $|\Delta F_t| \geqslant \mu \Delta F_n$ 时,

$$\theta_k = \begin{cases} \left(1 - \dfrac{F_t + \mu \Delta F_n}{\mu F_n}\right)^{1/3}, k = 0 \\ \left[1 - \dfrac{(-1)^k(F_t - F_{tk}) + 2\mu \Delta F_n}{2\mu F_n}\right]^{1/3}, k = 1、2 \end{cases} \quad (5.11)$$

G^* 可按式（5.12）计算:

$$\frac{1}{G^*} = \frac{1 - \nu_i}{G_i} + \frac{1 - \nu_j}{G_j}。 \quad (5.12)$$

式中: G_i 和 G_j 分别为 i 和 j 两颗粒的刚性模量,可由弹性模量和泊松比求得:

$$G_i = \frac{E_i}{2(1 + \nu_i)}, \quad (5.13)$$

$$G_j = \frac{E_j}{2(1 + \nu_j)}。 \quad (5.14)$$

5.2 螺旋滚筒装煤模型的建立与仿真

5.2.1 煤岩物理机械性质的测定

煤岩是采煤机的工作对象,煤岩物理力学特性对采煤机的可靠性、生产效率和截割性能有着重要影响,因此测定煤岩体的物理力学性能是模拟采煤机螺旋滚筒载荷的基础,也是进行螺旋滚筒和采煤机可靠性研究的基础。以某矿煤样为实验对象,煤样如图 5.4 所示。

(a)

(b)

图 5.4 煤矿煤样

实验仪器：煤岩坚固性系数计量筒、DQ-1 型煤岩石切割机、WDW-100E 型微机控制电子式万能试验机、应变片、YJW-16 型数字静态电阻应变仪、202-0 型电热恒温干燥箱、比重瓶，软件为与电子式万能试验机配套的测控系统。

煤岩坚固性系数测定实验依据《煤和岩石物理力学性质测定方法 第12 部分：煤的坚固性系数测定方法》（GB/T 23561.12—2010），该标准采用捣碎法，利用煤岩坚固性系数计量筒进行测定，适用于褐煤、烟煤和无烟煤的坚固性系数测定，煤岩坚固性系数用 f 表示。煤岩坚固性系数实验仪器具体有捣碎筒、煤样筛和计量筒（图 5.5），实验结果如表 5.1 所示。

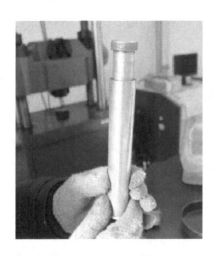

图 5.5 煤岩坚固性系数计量筒

表 5.1 煤岩坚固性系数测定实验结果

编号	冲击次数	量筒读数	坚固性系数	平均坚固性系数
1	3	31	2.38	
2	3	30	1.92	2.0
3	3	30	1.72	

煤岩强度实验包括抗拉强度实验和抗压强度实验。煤岩强度测定实验仪器有 DQ-1 型煤岩石切割机、WDW-100E 型微机控制电子式万能试验机、YJW-16 型数字静态电阻应变仪，如图 5.6 和图 5.7 所示。

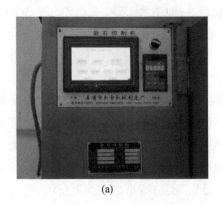
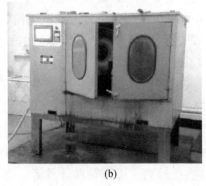

(a)   (b)

图 5.6   DQ-1 型煤岩石切割机

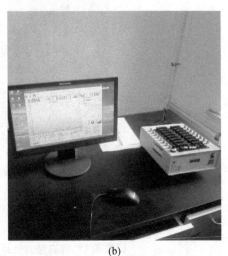

(a)   (b)

图 5.7   万能试验机

测定实验步骤:

①煤岩规则切割。先将煤岩体锤至约 30 cm×30 cm×30 cm 的形状, 其中要沿着煤岩层理, 使层理平行或垂直于煤岩块表面, 再利用 DQ-1 型煤岩石切割机进行规则切割, 规则切割后的煤如图 5.8 所示。在进行强度测定实验之前, 测量煤岩试件的长宽高和重量, 可得到天然视密度, 如表 5.2 所示。

图 5.8　切割后的煤岩试件

表 5.2　实验测得的煤岩试件尺寸、重量及天然视密度

编号	试件尺寸			试件重量/	天然视密度/	平均天然视密度/
	长/cm	宽/cm	高/cm	g	（kg/m³）	（kg/m³）
1	5.09	5.23	9.22	328.22	1319	
2	5.20	4.96	9.85	328.54	1288	1298
3	5.00	4.78	9.88	306.16	1287	

②煤岩单向抗压强度实验。在规则切割后的煤岩试件上粘贴应变片，注意应粘贴在煤岩试件的中部，并避开裂隙和节理处以获得准确的数值，如图 5.9 所示。

图 5.9　粘贴应变片后的煤岩试件

将煤岩试件放置于电子式万能试验机承压板中心，使试验机的上、下承压板和煤岩试件中心位于一条直线，启动试验机，以 10 ~ 50 mm/min 的速度进行加载至煤岩试件破坏，破坏后的煤岩试件如图 5.10 所示，得到煤岩的抗压强度、抗拉强度、弹性模量和泊松比如表 5.3 至表 5.5 所示。

图 5.10　破坏后的煤岩试件

表 5.3　煤岩单向抗压强度测定结果

编号	试件尺寸			抗压强度/ MPa	平均抗压强度/ MPa
	长/cm	宽/cm	高/cm		
1	5.09	5.23	9.22	23.76	
2	5.20	4.96	9.85	19.24	20.06
3	5.00	4.78	9.88	17.18	

表 5.4　煤岩单向抗拉强度测定结果

编号	试件尺寸		抗拉强度/ MPa	平均抗拉强度/ MPa
	厚/cm	高/cm		
1	2.61	5.09	1.16	
2	2.63	4.75	0.93	1.08
3	2.65	4.70	1.16	

表5.5 煤岩弹性模量和泊松比测定结果

编号	试件尺寸			弹性模量/ MPa	平均弹性 模量/MPa	泊松比	平均泊松比
	长/cm	宽/cm	高/cm				
1	5.09	5.23	9.22	5240		0.23	
2	5.20	4.96	9.85	5289	5124	0.23	0.23
3	5.00	4.78	9.88	4845		0.22	

对相关煤样分别进行抗压和抗拉实验，得到其加载力—应变曲线如图5.11、图5.12所示。煤样在加载过程中经历了微裂纹的压实阶段、弹性

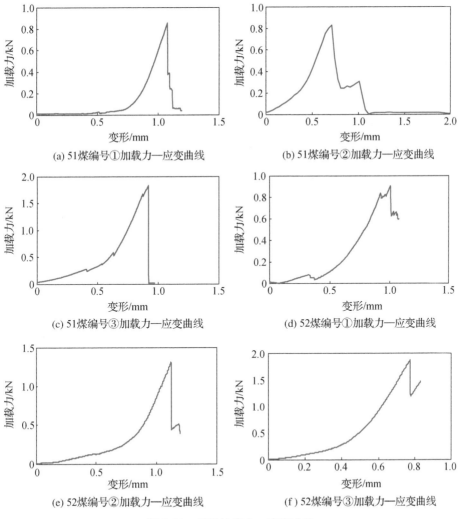

(a) 51煤编号①加载力—应变曲线

(b) 51煤编号②加载力—应变曲线

(c) 51煤编号③加载力—应变曲线

(d) 52煤编号①加载力—应变曲线

(e) 52煤编号②加载力—应变曲线

(f) 52煤编号③加载力—应变曲线

图5.11 煤样拉应力—应变曲线

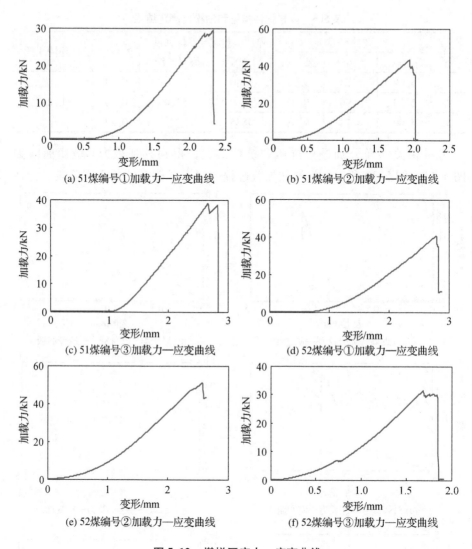

(a) 51煤编号①加载力—应变曲线

(b) 51煤编号②加载力—应变曲线

(c) 51煤编号③加载力—应变曲线

(d) 52煤编号①加载力—应变曲线

(e) 52煤编号②加载力—应变曲线

(f) 52煤编号③加载力—应变曲线

图 5.12　煤样压应力—应变曲线

变形阶段、塑性变形阶段以及蠕变阶段。其中煤样加载后其内部原有的裂纹及裂隙开始被压实。随着加载力的增大，试样呈现出线性的弹性变形。当加载力增大到一定程度时，煤样内部开始出现新的裂纹，直至裂纹扩展形成滑移面，此时加载力达到最大。随着变形的增大，煤样承受的加载力急剧降低，煤样进入软化区并最终完全破碎。

　　实验采用量积法测定煤岩的天然视密度，通过比重瓶和干燥箱得到煤岩的真密度。煤岩真密度测定实验仪器有 202-0 型电热恒温干燥箱、比重瓶，如图 5.13 所示。

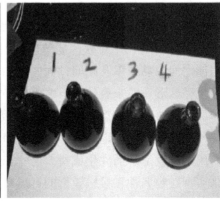

(a) 202-0型电热恒温干燥箱　　　　　　　　(b) 比重瓶

图 5.13　202-0 型电热恒温干燥箱和比重瓶

测定实验步骤：

将比重瓶加约半瓶水，称得重量并记录，取粉末状煤样放入比重瓶中，称得重量并记录，将比重瓶置入沙浴中煮沸至完全排除粉末状煤样吸附的气体，放置于室温环境 3 小时以上，用吸管加满蒸馏水，盖上瓶塞，擦干比重瓶迅速称重并记录，测定的煤岩真密度如表 5.6 所示。

表 5.6　煤岩真密度测定结果

煤岩编号	瓶号	瓶 + 半瓶水重/g	瓶 + 样 + 半瓶水重/g	瓶 + 样 + 满瓶水重/g	瓶 + 满瓶水重/g	真密度/（kg/m³）	平均真密度/（kg/m³）
1	1	85. 226	96. 435	138. 496	135. 726	1328	1332
2	2	83. 780	94. 240	138. 432	135. 798	1337	

得到的煤样的物理力学性质指标汇总数据如表 5.7 所示。

表 5.7　煤样的物理力学性质指标

抗拉强度/MPa	抗压强度/MPa	弹性模量/MPa	泊松比	天然视密度/（kg/m³）	真密度/（kg/m³）	坚固性系数
1. 08	20. 06	5124	0. 23	1298	1332	2. 0

5.2.2 螺旋滚筒装煤模型的建立

煤岩的截割过程可以看作一系列由离散煤炭颗粒组成的整体在螺旋滚筒作用下被破碎、装运的过程。真实煤壁在破碎后产生煤块的形状是不规则的，尽管利用 EDEM 软件能够实现对这些复杂几何体的建模，但是复杂几何体之间的黏结以及碰撞过程中接触的判断、接触力的计算十分困难。采用等粒径球形颗粒来替代复杂多面体来构建煤壁模型，不但能够反映出煤壁破碎后的煤块运动状态，而且对数量巨大的颗粒群之间接触状态检测更加方便，运算量也极大地降低。在 EDEM 软件中建立离散元煤壁模型过程中需要用到颗粒工厂插件生成所需尺寸和形状的颗粒，同时还可以通过 API 插件来实现颗粒属性、接触模型的自定义，用小颗粒团替换大颗粒球实现颗粒之间快速黏结，如图 5.14 所示。利用 EDEM 软件提供的 API 插件，可以通过 C、C ++ 和 Fortran 等语言编写颗粒间的接触模型。

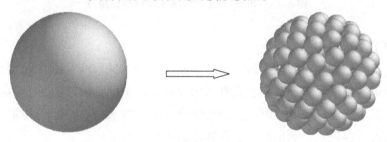

图 5.14　利用 API 插件进行颗粒替换

研究中煤炭颗粒选用 Hertz-Mindlin 接触模型，由于材料参数的选取对颗粒之间接触力的计算、模型的求解都有重要影响，而煤炭颗粒间黏结力的大小又由煤层的物理机械性质所决定，为了使所建模型更接近实际煤壁性质，需要根据煤岩测试结果对煤炭颗粒的材料属性进行设置。根据莫尔－库仑强度理论[173]，煤岩剪切破坏时的受力如图 5.15 所示。

由图 5.15 可以计算出煤岩破裂面上的剪应力大小为其自身凝聚力和破裂面上法向应力产生的摩擦力之和，可按下式计算：

$$\begin{cases} \sigma = \dfrac{1}{2}(\sigma_1 + \sigma_3) + \dfrac{1}{2}(\sigma_1 - \sigma_3)\cos 2\alpha \\ \tau = \dfrac{1}{2}(\sigma_1 - \sigma_3)\sin 2\alpha \\ \partial = \dfrac{\pi}{4} + \dfrac{\varphi}{2} \end{cases} , \qquad (5.15)$$

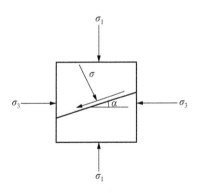

图 5.15 煤岩剪切破坏时的受力

$$\tau = C + \sigma\tan\varphi \text{。} \tag{5.16}$$

式中：τ 为破裂面剪应力，Pa；σ 为轴向抗压强度，Pa；C 为凝聚力，Pa；φ 为内摩擦角，°；α 为破坏角，°。

在煤壁模型的构建过程中，煤炭颗粒粒径大小对仿真精度和计算机运算效率有着重要的影响。根据螺旋滚筒切削原理，煤炭颗粒粒径的设置应小于截线之间距离。煤炭颗粒粒径设置得越小，越能够反映煤流运动规律，但由于组成单位体积煤壁需要的小颗粒数目较多，导致截割过程中颗粒间接触和碰撞次数增多，加大了计算机运算量进而影响仿真效率。结合文献 [174] 中的截割试验和 A 型螺旋滚筒的结构，将构成煤壁的颗粒粒径设置为 40 mm。

螺旋滚筒材料定义为钢，其密度为 7.85×10^3 kg/m³，弹性模量为 4.25×10^3 MPa，泊松比为 0.235，煤的材料按煤样测试结果平均值进行选取。在材料属性设置完成以后，需要对颗粒黏结参数进行设置，主要包括黏结半径、法向刚度系数、切向刚度系数以及黏结键正应力和切应力。根据煤样测试结果，按照式（5.4）、式（5.5）可计算出颗粒法向刚度系数、切向刚度系数；按照式（5.16）计算出颗粒正应力、切应力。按照上述计算出的参数对颗粒进行黏结，得到颗粒黏结后的黏结键如图 5.16 所示。

为了保证螺旋滚筒截割时能够对煤壁进行有效破碎，且破碎后的煤炭颗粒能够在螺旋叶片作用下达到有效装运，对煤壁模型做出以下假设：①由于煤炭颗粒粒径较小，若所建煤壁模型尺寸过大将会导致煤炭颗粒数目增多，造成煤壁模型建立及模拟过程需要较长时间。为了提高计算效率，对煤壁模型尺寸进行了相应的缩小。②由于煤壁为等粒径颗粒构成，其在黏结过程中

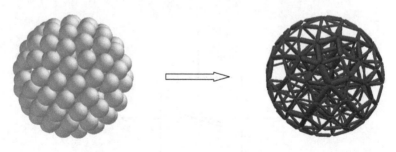

图 5.16 颗粒黏结后的黏结键

产生的颗粒间作用力可视为同等大小。③模型中煤炭颗粒采用软球接触模型，即允许煤炭颗粒在截齿截割作用下发生一定程度的变形，且变形量能够反映出颗粒所受截割力的大小。

由于 EDEM 软件建立螺旋滚筒及其他相关几何体的操作较为烦琐，研究所涉及的几何体可通过 CAD 软件创建后再导入 EDEM 软件中[175]。其中螺旋滚筒可运用参数关系命令进行快速建模，需要对螺旋滚筒截割半径、截齿倾斜角度以及齿座旋转角度等参数进行设定，并创建截齿族表，如图 5.17 所示。根据族表进行截齿安装，得到螺旋滚筒三维实体模型，如图 5.18 所示。

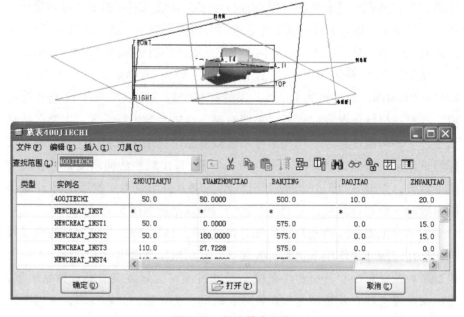

图 5.17 创建截齿族表

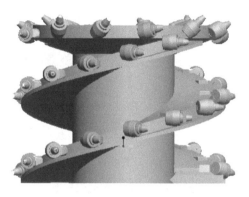

图 5.18　螺旋滚筒三维实体模型

为了更真实地反映螺旋滚筒装煤时煤流的运动状态，研究中应考虑采煤机摇臂以及配套设备的影响，由于摇臂壳体及输送机具有较多的内腔，可通过拉伸、旋转、打孔、抽壳等命令将其建立成一个单一的零件，如图 5.19 和图 5.20 所示。

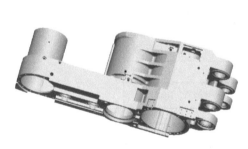

图 5.19　摇臂壳体模型

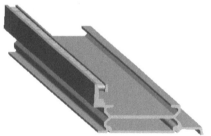

图 5.20　输送机简化模型

将螺旋滚筒等相关几何体进行装配并导入 EDEM 软件，并对煤炭颗粒之间、煤炭颗粒与螺旋滚筒之间的动摩擦系数、静摩擦系数等接触参数进行设置。根据文献 [172] 查得煤炭颗粒之间的动摩擦系数为 0.5，静摩擦系数为 0.9，恢复系数为 0.15；煤炭颗粒与螺旋滚筒之间的动摩擦系数为 0.3，静摩擦系数为 0.8，恢复系数为 0.2。建立的螺旋滚筒装煤模型如图 5.21 所示。

对上述所有参数进行设置后便可以实行下一步的仿真工作，EDEM 软件仿真计算流程如图 5.22 所示。

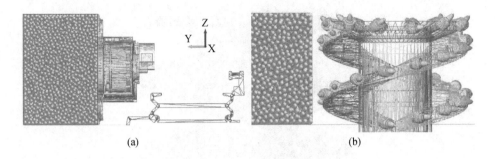

图 5.21　螺旋滚筒装煤模型

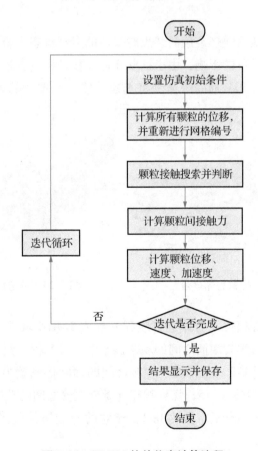

图 5.22　EDEM 软件仿真计算流程

5.2.3　螺旋滚筒装煤过程仿真

　　为了便于对滚筒装煤过程进行分析,将颗粒质量统计区域分为统计区域Ⅰ和统计区域Ⅱ,如图 5.23 所示。螺旋滚筒截割煤壁时破落下的颗粒运动状态如图 5.24 所示,可见,螺旋滚筒切入煤壁时,靠近工作面一侧的煤壁在破碎后直接进入统计区域Ⅰ,里侧煤壁在破碎后逐渐进入滚筒包络区域,

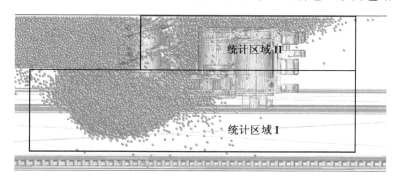

图 5.23　煤炭颗粒质量统计区域

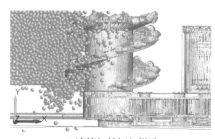

(a) 滚筒初始切入煤壁

(b) 滚筒切入煤壁575 mm

(c) 滚筒切入煤壁1150 mm

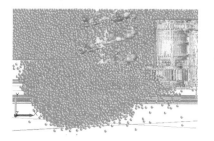

(d) 滚筒稳定截割

图 5.24　不同时刻煤流运动状态

并在叶片作用下进行运动。当滚筒切入半个滚筒直径后，进入统计区域Ⅰ的颗粒开始增多，滚筒包络区域内的颗粒在叶片推挤以及重力作用下，大部分颗粒沿滚筒轴线流向工作面，小部分被甩向统计区域Ⅱ（采空区）。当滚筒前进长度为滚筒直径时，流向工作面的颗粒逐渐堆积，形成循环煤堆，并在摇臂壳体的推挤作用下不断沿牵引方向滑动。滚筒稳定截割后，流向两区域内的颗粒均不断增多，其中甩向统计区域Ⅱ的煤炭颗粒在脱离外界作用力的情况下残留在采空区内形成浮煤；沿滚筒轴线运动的部分颗粒残留在摇臂壳体上，大部分流向统计区域Ⅰ的煤炭颗粒逐渐累积在循环煤堆上，当累积高度达到一定时，颗粒逐渐流向输送机。

滚筒包络区域内煤炭颗粒速度变化曲线如图 5.25 所示。随着螺旋滚筒逐渐切入煤壁，进入滚筒包络区域内的颗粒逐渐增多，颗粒在 3 个方向上的速度也逐渐增加，其中 X 向和 Y 向速度明显大于 Z 向速度，即在螺旋叶片作用下，颗粒额外获得一个被抛向叶片外缘的速度，该速度可分解为颗粒沿牵引速度的反向（甩向采空区）和垂直于工作面方向（沿滚筒轴线流出）两个方向上的速度，而由于螺旋叶片旋向导致滚筒前半侧包络区域内颗粒获得一个向上抛射的速度，进而减缓了重力作用下颗粒在垂直方向上的运动。

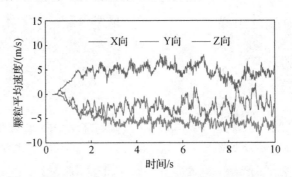

图 5.25　滚筒包络区域内煤炭颗粒速度变化

统计得到流入统计区域Ⅰ和统计区域Ⅱ范围内煤炭颗粒累积质量随时间变化曲线如图 5.26 所示。由图 5.26 可见，落入两区域内的颗粒累积质量随着截割的进行呈现出线性的增加；在螺旋叶片作用下流向统计区域Ⅰ的颗粒质量（有效输出）明显大于统计区域Ⅱ的颗粒质量。

统计区域Ⅰ范围内颗粒累积质量与破落下煤炭颗粒的总质量之比即为螺旋滚筒的装煤率，如图 5.27 所示。由图 5.27 可见，在螺旋滚筒切入煤壁时，由于工作面最外侧的煤壁破碎后最先落入统计区域Ⅰ范围内，此时螺旋滚筒的输送能力最强；随着截割的进行，部分剥落的煤炭颗粒开始落入统计区域Ⅱ范围内，导致螺旋滚筒的装煤率逐渐降低；当螺旋滚筒达到稳定截割状态时，有效输出质量与煤炭颗粒总质量之比也逐渐趋于稳定。

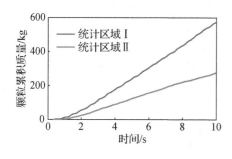

图5.26 煤炭颗粒累积质量的变化

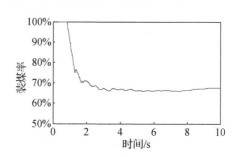

图5.27 装煤率的变化

5.3 影响螺旋滚筒装煤过程的因素分析

根据第二章的理论分析，发现影响螺旋滚筒装煤效率的因素众多，其中螺旋叶片升角、截割深度、滚筒转速、滚筒旋向、牵引速度等参数对滚筒装煤性能影响较大。研究不同结构参数及运动参数条件下的滚筒装煤性能及煤流运动形态变化，对于螺旋滚筒装煤性能的提高及其结构、运动参数的优化设计具有重要意义。

5.3.1 螺旋叶片升角对装煤过程的影响

对不同螺旋叶片升角的滚筒以转速为58 r/min、牵引速度为6 m/min、截深为800 mm进行截割时的装煤过程进行分析，得到螺旋滚筒装煤过程中煤炭颗粒速度分布如图5.28所示。由图5.28可见，煤炭颗粒从煤壁上剥落后，其大部分在螺旋叶片作用下不断向工作面流出，并逐渐在滚筒与输送机之间累积，未能流出的颗粒则残留在刚形成的采空区内（即统计区域Ⅱ）。当位于统计区域Ⅰ内的煤炭累积到一定程度后，煤堆在摇臂壳体推挤作用下不断进入输送机内。由于滚筒高速旋转，在螺旋叶片与筒毂所形成包络区域内的煤炭颗粒速度较大，当其流出滚筒时，受到前期形成煤堆的阻碍，颗粒速度逐渐降低。截割相同长度的煤壁，滚筒螺旋叶片升角由10°增大到18°

时，流向工作面的煤炭颗粒不断增多；当滚筒螺旋叶片升角为22°时，流向工作面的颗粒数目开始出现减少趋势。

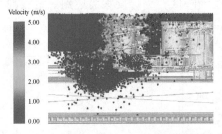

(a) 螺旋叶片升角为10° 时颗粒速度分布

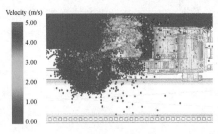

(b) 螺旋叶片升角为14° 时颗粒速度分布

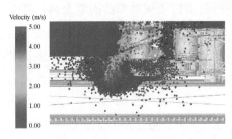

(c) 螺旋叶片升角为18° 时颗粒速度分布

(d) 螺旋叶片升角为22° 时颗粒速度分布

图 5.28　不同螺旋叶片升角下煤炭颗粒的速度分布

滚筒装煤过程中进入统计区域Ⅰ范围内的煤炭颗粒在X、Y、Z向上平均速度变化曲线如图5.29所示。截割初始阶段，煤炭颗粒在破落后由滚筒包络区域流向统计区域Ⅰ和统计区域Ⅱ。颗粒进入统计区域Ⅰ初期，由于叶片的旋转推挤作用，其在X向上的速度明显大于其他两个方向，颗粒主要沿牵引方向反向运动，并被甩入采空区。当螺旋叶片升角由10°增大到18°时，颗粒在X向上的速度逐渐降低，而在其他两个方向上的速度有所增大，使得颗粒流入采空区的概率降低，大部分颗粒能沿滚筒轴向流出至工作面；当螺旋叶片升角大于18°时，颗粒在X向上的速度又有所增大，使得颗粒合速度方向逐渐偏向采空区，进而降低了颗粒流向统计区域Ⅰ的能力。

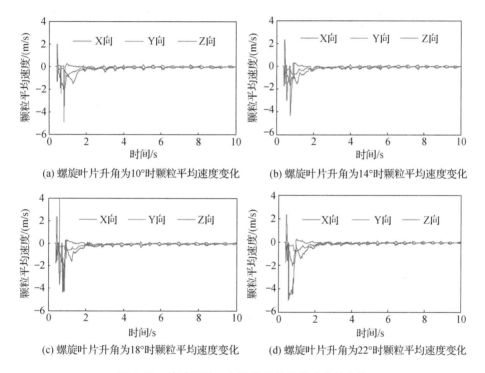

(a) 螺旋叶片升角为10°时颗粒平均速度变化

(b) 螺旋叶片升角为14°时颗粒平均速度变化

(c) 螺旋叶片升角为18°时颗粒平均速度变化

(d) 螺旋叶片升角为22°时颗粒平均速度变化

图5.29 统计区域Ⅰ内煤炭颗粒平均速度的变化

滚筒装煤过程中进入统计区域Ⅱ范围内的煤炭颗粒在X、Y、Z向上平均速度变化曲线如图5.30所示。由图5.30可见，当螺旋叶片升角由10°增大到18°时，螺旋叶片的导程增大，煤壁内侧煤炭颗粒与叶片接触时间减少，加之单位时间内大螺旋叶片升角滚筒包络区域内颗粒填充率较低，使得颗粒在X向上速度有所降低；当螺旋叶片升角大于18°时，颗粒在X向上的速度变化不大，但由于颗粒在 Z 向上的速度降低，颗粒在滚筒包络区域内时间变长，颗粒流入统计区域Ⅱ的能力仍得到加强。

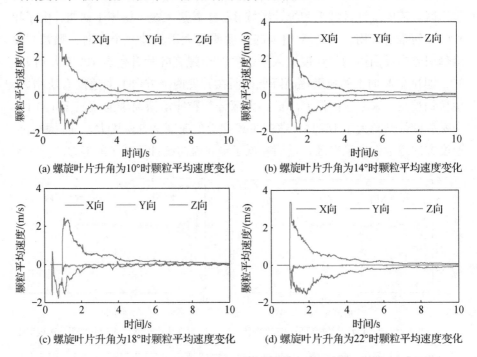

(a) 螺旋叶片升角为10°时颗粒平均速度变化　　(b) 螺旋叶片升角为14°时颗粒平均速度变化

(c) 螺旋叶片升角为18°时颗粒平均速度变化　　(d) 螺旋叶片升角为22°时颗粒平均速度变化

图5.30　统计区域Ⅱ内煤炭颗粒平均速度的变化

图 5.31 和图 5.32 分别是统计区域Ⅰ和统计区域Ⅱ范围内煤炭颗粒累积质量随时间的变化曲线。由图可见，落入两区域内颗粒累积质量随着截割的进行呈现出线性的增加；由于滚筒转速和牵引速度相同，单位时间内，不同螺旋叶片升角滚筒截割破落的颗粒总质量基本一致，但流入统计区域Ⅰ内的

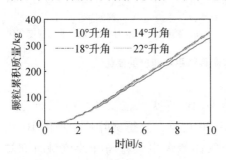

**图5.31　统计区域Ⅰ内煤炭颗粒
累积质量的变化**

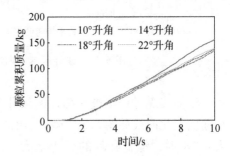

**图5.32　统计区域Ⅱ内煤炭颗粒
累积质量的变化**

颗粒累积质量随着螺旋叶片升角的增大呈现出先增大后降低的趋势，而进入统计区域Ⅱ的颗粒累积质量呈现出先降低后增大的趋势。

根据图5.31和图5.32的统计数据，得到统计区域Ⅰ范围内颗粒的累积质量与破落的煤炭颗粒总质量之比即为螺旋滚筒的装煤率，如图5.33所示。由图5.33可见，当截割达到稳定状态时，单位时间内落入两区域内的颗粒质量逐渐趋于平稳，有效输出质量与煤炭颗粒总质量之比也逐渐趋于稳定。随着螺旋叶片升角的增加，位于滚筒包络区域内颗粒3个方向上的速度不断变化，导致装煤率也出现了先增大后减小的变化。

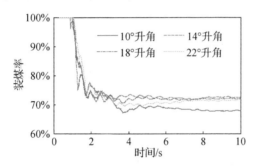

图5.33　不同螺旋叶片升角滚筒装煤率的变化

仿真得到不同螺旋叶片升角下的颗粒数据如表5.8所示。由表5.8可见，由于截割深度和牵引速度相同，不同螺旋叶片升角滚筒破落下的煤炭颗粒总质量（统计区域Ⅰ和统计区域Ⅱ内总累积质量）基本保持一致。随着螺旋叶片升角的增加，统计区域Ⅰ内颗粒累积质量呈现出先增大后减小的趋势，而统计区域Ⅱ内颗粒的累积质量则呈现出先减小后增大的变化，螺旋滚

表5.8　不同螺旋叶片升角下颗粒数据统计

螺旋叶片升角/°	统计区域Ⅰ内颗粒平均速度/(m/s)			统计区域Ⅱ内颗粒平均速度/(m/s)			颗粒累积质量/kg		装煤率
	X向	Y向	Z向	X向	Y向	Z向	统计区域Ⅰ	统计区域Ⅱ	
10	0.058	0.016	0.046	0.043	0.005	0.042	326.793	156.783	67.58%
14	0.085	0.035	0.032	0.026	0.003	0.053	347.484	136.267	71.83%
18	0.105	0.091	0.036	0.064	0.007	0.082	351.879	133.914	72.43%
22	0.064	0.006	0.042	0.088	0.015	0.056	335.638	149.357	69.21%

筒装煤率与统计区域Ⅰ内颗粒的累积质量变化一致。不同区域内煤炭颗粒3个方向上的平均速度随螺旋叶片升角变化规律曲线如图5.34所示。由图5.34可见，随着螺旋叶片升角的增大，统计区域Ⅰ内颗粒X、Y向以及统计区域Ⅱ内颗粒Z向上的平均速度都出现先增大后减小的变化，统计区域Ⅰ内颗粒Z向以及统计区域Ⅱ内颗粒X、Y向上的平均速度则出现了先减小后增大的趋势。

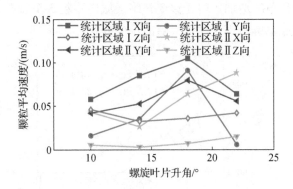

图5.34　煤炭颗粒平均速度随螺旋叶片升角的变化

5.3.2　截割深度对装煤过程的影响

对螺旋滚筒以转速为58 r/min、牵引速度为10 m/min、截割深度在500~800 mm范围内变化时的装煤过程进行分析，得到螺旋滚筒在不同截割深度时的煤炭颗粒速度分布，如图5.35所示。由图5.35可见，在螺旋叶片的推挤作用下，越靠近工作面一侧的煤壁在破碎后越容易被推挤到输送机上，而越靠近端盘一侧的煤壁在破碎后被输送出的概率越低。随着截割深度的增加，单位时间内滚筒包络区域内的填充率也越来越高，通过螺旋叶片输出的煤炭颗粒也越多。

不同截割深度下，统计区域Ⅰ范围内煤炭颗粒在X、Y、Z向上速度变化曲线如图5.36所示。由图5.36可见，当螺旋滚筒开始进行截割时，崩落的煤炭颗粒具有较大的速度，且随着截割深度的增加，初始截割崩落下的煤炭颗粒速度有所减小；当滚筒平稳截割后，煤炭颗粒在脱离叶片时受到循环煤堆的阻碍，导致颗粒沿滚筒轴向速度逐渐减小，此时颗粒在X向上速度最大，Z向上速度次之，Y向上速度最小。

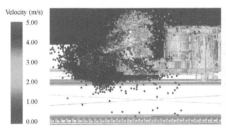

(a) 截割深度为500 mm时颗粒速度分布

(b) 截割深度为600 mm时颗粒速度分布

(c) 截割深度为700 mm时颗粒速度分布

(d) 截割深度为800 mm时颗粒速度分布

图 5.35　不同截割深度下煤炭颗粒的速度分布

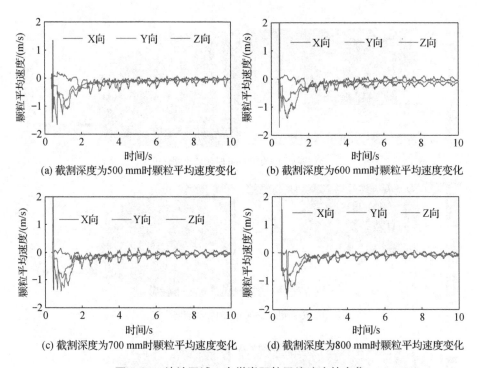

(a) 截割深度为500 mm时颗粒平均速度变化　　(b) 截割深度为600 mm时颗粒平均速度变化

(c) 截割深度为700 mm时颗粒平均速度变化　　(d) 截割深度为800 mm时颗粒平均速度变化

图 5.36　统计区域 I 内煤炭颗粒平均速度的变化

　　不同截割深度下，统计区域 II 范围内煤炭颗粒在 X、Y、Z 向上速度变化曲线如图 5.37 所示。由图 5.37 可见，截割深度的变化对于统计区域 II 内颗粒平均速度的影响主要集中在牵引速度方向和垂直方向，对颗粒在垂直于工作面方向上的速度影响最小（可忽略不计）。当螺旋滚筒初始截割煤壁时，在没有叶片的作用下，大部分煤炭颗粒主要落入统计区域 II，且此时该区域内颗粒平均速度表现为：在 X 向上速度的数值最大，在 Z 向上的速度次之，在 Y 向上的速度最小（趋于 0）。当滚筒平稳截割后，螺旋叶片逐渐嵌入煤壁，剥落下的煤炭颗粒在叶片作用下，大部分沿滚筒轴向流出，较小部分呈抛物线运动落入统计区域 II 内；由于截割深度的增大，导致滚筒包络区域内的颗粒填充率较高，使得流出叶片尾部颗粒平均速度减小；加之原有落入该区域内的颗粒逐渐累积并趋于静止，造成了该区域内颗粒平均速度较小。

　　图 5.38 和图 5.39 是统计区域 I 和统计区域 II 范围内煤炭颗粒累积质量随时间的变化曲线。由图可见，落入两区域内颗粒累积质量随着截割的进行呈现出线性增加；不同统计区域内颗粒累积质量在不同截割深度下呈现出明

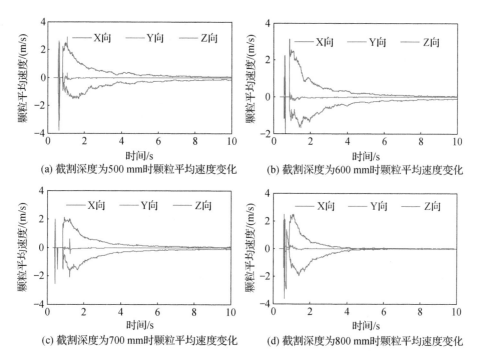

(a) 截割深度为500 mm时颗粒平均速度变化

(b) 截割深度为600 mm时颗粒平均速度变化

(c) 截割深度为700 mm时颗粒平均速度变化

(d) 截割深度为800 mm时颗粒平均速度变化

图5.37　统计区域 Ⅱ 内煤炭颗粒平均速度的变化

显不同的变化，同一时刻，截割深度越大，单位时间内破碎的煤炭颗粒质量越大，落入统计区域Ⅰ范围内（可视为有效输出）和统计区域Ⅱ范围内颗粒累积质量也越大。

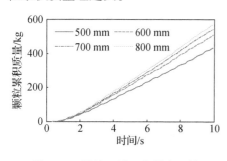

**图5.38　统计区域 Ⅰ 内煤炭颗粒
累积质量的变化**

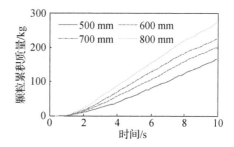

**图5.39　统计区域 Ⅱ 内煤炭颗粒
累积质量的变化**

根据图5.38和图5.39中的统计数据，得到螺旋滚筒的装煤率如图5.40所示。由图5.40可见，随着截割深度的增加，靠近滚筒端盘处剥落下的煤炭颗粒在颗粒间相互作用下，其沿滚筒轴向速度较小，导致颗粒在螺旋叶片推挤作用下流向工作面的能力减弱，而被甩向滚筒后方的能力加强，导致滚筒整体装煤率随着截深的加大而逐渐降低。

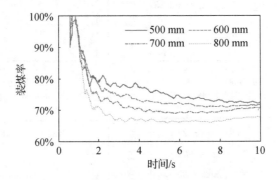

图 5.40 不同截割深度下装煤率的变化

不同截割深度下的仿真统计结果如表 5.9 所示。由表 5.9 可见，随着截割深度的增加，统计区域Ⅰ和统计区域Ⅱ内颗粒累积质量都在不断增大，但是统计区域Ⅰ内颗粒累积质量增加的幅度小于统计区域Ⅱ内颗粒累积质量增加的幅度，从而导致螺旋滚筒截深由 400 mm 增大到 800 mm 时，其装煤率反而由 72.35% 降低至 67.79%。不同区域内煤炭颗粒 3 个方向上的平均速度随截割深度变化规律曲线如图 5.41 所示。由图 5.41 可见，随着截割深度的增大，两区域内颗粒平均速度都出现不同程度上的减小，当截深较小时，颗粒在 X 向和 Y 向上与 Z 向上平均速度的比值明显大于大截深时的截割状态，此时颗粒在叶片作用下被抛出的概率较大。

表 5.9 不同截割深度下颗粒数据统计

截割深度/mm	统计区域Ⅰ内颗粒平均速度/(m/s)			统计区域Ⅱ内颗粒平均速度/(m/s)			颗粒累积质量/kg		装煤率
	X 向	Y 向	Z 向	X 向	Y 向	Z 向	统计区域Ⅰ	统计区域Ⅱ	
500	0.141	0.080	0.052	0.071	0.007	0.129	435.531	166.549	72.35%
600	0.127	0.071	0.046	0.047	0.005	0.104	509.237	200.693	71.73%
700	0.114	0.063	0.042	0.035	0.004	0.081	543.426	226.535	70.58%
800	0.102	0.060	0.032	0.026	0.003	0.056	569.345	270.534	67.79%

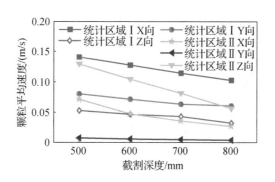

图 5.41 煤炭颗粒平均速度随截割深度的变化

5.3.3 滚筒转速对装煤过程的影响

对螺旋滚筒以截深为 800 mm、牵引速度为 10 m/min、转速在 40 ~ 100 r/min 范围内变化时的装煤过程进行分析,得到不同滚筒转速条件下的煤炭颗粒速度分布如图 5.42 所示。由图 5.42 可见,随着滚筒旋转速度的提高,煤炭颗粒从煤壁上剥落后,单位时间内滚筒包络范围内煤炭颗粒的数目有所降低,但位于叶片内的颗粒在高速旋转螺旋叶片作用下向工作面流出的速度增加。当滚筒包络区域内的颗粒流出滚筒时,受到煤堆以及摇臂壳体的

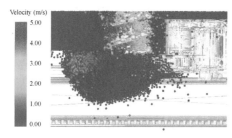

(a) 转速为40 r/min时颗粒速度分布

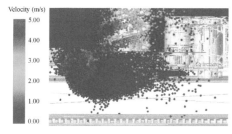

(b) 转速为60 r/min时颗粒速度分布

(c) 转速为80 r/min时颗粒速度分布

(d) 转速为100 r/min时颗粒速度分布

图 5.42   不同滚筒转速下煤炭颗粒的速度分布

阻碍，颗粒在滚筒轴向上的速度出现明显降低；颗粒未能流出滚筒而流向新形成的采空区内的颗粒速度也随着转速增加而增大。滚筒转速增大使得煤炭颗粒流向统计区域Ⅰ内的数量增加，从而使得高转速螺旋滚筒具有较强的输送能力。

　　不同滚筒旋转速度条件下，统计区域Ⅰ范围内颗粒在3个方向上的平均速度变化曲线如图5.43所示。由图5.43可见，统计区域Ⅰ范围内的煤炭颗粒平均速度波动规律仍保持与滚筒旋转周期一致。螺旋滚筒转速越快，单位周期内滞留在滚筒包络区域内的煤炭颗粒数量越少，位于统计区域Ⅰ范围内

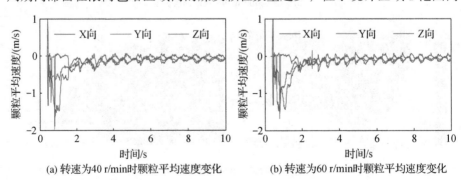

(a) 转速为40 r/min时颗粒平均速度变化　　　　(b) 转速为60 r/min时颗粒平均速度变化

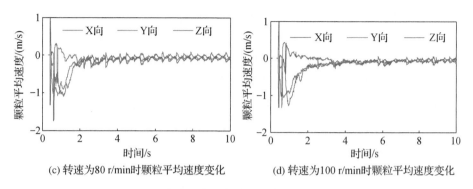

(c) 转速为80 r/min时颗粒平均速度变化

(d) 转速为100 r/min时颗粒平均速度变化

图5.43 统计区域Ⅰ内煤炭颗粒平均速度的变化

的颗粒平均速度需要越长的时间达到稳定状态；当滚筒平稳截割后，随着滚筒旋转速度的增加，煤炭颗粒平均速度的波动趋于平缓。

统计区域Ⅱ范围内的煤炭颗粒在3个方向上的平均速度变化曲线如图5.44所示。由图5.44可见，滚筒旋转速度变化对于统计区域Ⅱ内煤炭颗粒平均速度的影响也主要集中在牵引速度方向和垂直方向，对颗粒在滚筒轴向

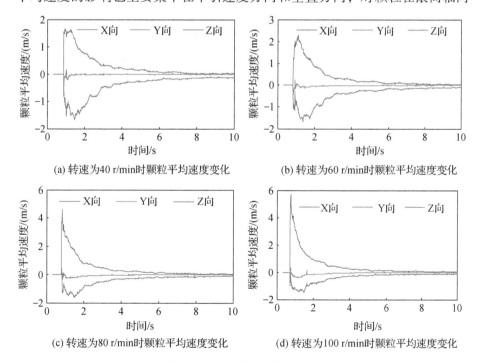

(a) 转速为40 r/min时颗粒平均速度变化

(b) 转速为60 r/min时颗粒平均速度变化

(c) 转速为80 r/min时颗粒平均速度变化

(d) 转速为100 r/min时颗粒平均速度变化

图5.44 统计区域Ⅱ内煤炭颗粒平均速度的变化

上的速度影响亦可忽略不计。随着滚筒旋转速度增加，在螺旋滚筒初始截割煤壁时，煤炭颗粒崩落进入统计区域Ⅱ时的速度也出现明显增大。与统计区域Ⅰ内煤炭颗粒平均速度的变化不同，滚筒旋转速度越快，落入统计区域Ⅱ内的颗粒平均速度达到平稳状态所需要的时间越短。

图 5.45 和图 5.46 是不同滚筒转速下统计区域Ⅰ和统计区域Ⅱ范围内煤炭颗粒累积质量随时间的变化曲线，由图可见，不同统计区域内的颗粒累积质量在不同滚筒转速条件下的变化并不是特别明显。由于牵引速度相同，滚筒在单位时间内破碎的煤炭颗粒质量相同，滚筒旋转越快，在高速旋转叶片作用下，同一时刻落入统计区域Ⅰ范围内的颗粒质量出现了小范围的增加，而落入统计区域Ⅱ范围内的颗粒质量出现了小范围的减少。

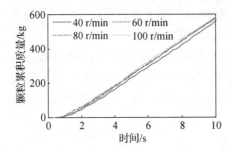

图 5.45 统计区域Ⅰ内煤炭颗粒
累积质量的变化

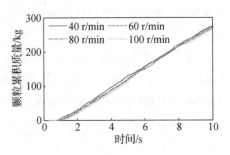

图 5.46 统计区域Ⅱ内煤炭颗粒
累积质量的变化

根据图 5.45 和图 5.46 的统计数据，得到统计区域Ⅰ范围内煤炭颗粒累积质量与破碎下的煤炭颗粒的总质量之比即为螺旋滚筒的装煤率，如图 5.47 所示。由图 5.47 可见，随着滚筒旋转速度的增大，从煤壁上剥落下的煤炭颗粒在滚筒轴向以及牵引速度方向上的速度增大，颗粒在螺旋叶片推

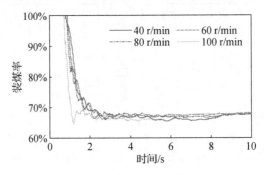

图 5.47 不同滚筒转速下装煤率的变化

挤作用下流向工作面的能力有所增加，而被甩向滚筒后方的能力有所降低，导致滚筒装煤率逐渐增加；当滚筒转速由 40 r/min 增大到 100 r/min 时，滚筒装煤率由 67.65% 增加到 67.98%，增大旋转速度对于提高滚筒装煤率的作用并不是十分明显。

不同滚筒旋转速度下，采煤机达到稳定截割时的仿真结果统计如表 5.10 所示。随着滚筒转速的增加，统计区域 I 内颗粒累积质量出现了小幅增加，统计区域 II 内颗粒累积质量呈现出先减少后增加的规律，但变化幅度较小；当滚筒转速由 40 r/min 增大到 100 r/min 时，其装煤率也无明显变化，基本稳定在 68% 左右。不同区域内煤炭颗粒 3 个方向上的平均速度随滚筒转速变化的规律曲线如图 5.48 所示。由图 5.48 可见，随着滚筒转速的增大，统计区域 I 内颗粒平均速度出现先增大后减小的趋势，当滚筒转速由 40 r/min 增大到 80 r/min 时，该区域内颗粒在 3 个方向上速度增大的趋势较为平缓，当滚筒转速大于 80 r/min 时，颗粒速度出现明显减小；而统计区域 II 内颗粒在 3 个方向上的速度随着滚筒转速变化而变化的幅度较小。

表 5.10 不同滚筒转速下煤炭颗粒数据统计

旋转速度 (r/min)	统计区域 I 内颗粒平均速度/(m/s)			统计区域 II 内颗粒平均速度/(m/s)			颗粒累积质量/kg		装煤率
	X 向	Y 向	Z 向	X 向	Y 向	Z 向	统计区域 I	统计区域 II	
40	0.136	0.118	0.056	0.032	0.007	0.135	569.312	272.224	67.65%
60	0.143	0.121	0.057	0.035	0.008	0.115	578.503	271.336	68.07%
80	0.169	0.126	0.079	0.038	0.009	0.118	581.567	274.888	67.90%
100	0.133	0.076	0.036	0.051	0.011	0.112	585.518	275.731	67.98%

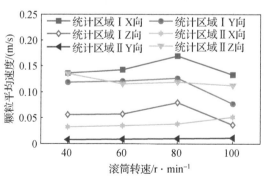

图 5.48 颗粒平均速度随滚筒转速的变化

5.3.4 滚筒旋向对装煤过程的影响

螺旋滚筒采用左旋（顺转）时，以截割深度为 800 mm、牵引速度为 5 m/min 进行截割时的煤流运动状态如图 5.49 所示。由图 5.49 可见，在螺旋叶片推挤作用下，颗粒从煤壁上破落后主要从滚筒下方包络区域内流向采空区，此时认为螺旋滚筒主要通过推挤来实现装煤。当截割煤壁达到一定距离后，颗粒在滚筒推挤输送作用下不断从滚筒下部流向采空区。当大量颗粒流向螺旋滚筒与摇臂壳体所形成的封闭区域 A 内并不断累积时，摇臂壳体几乎完全阻挡该区域内颗粒向输送机流出，最终将导致该区域被完全填充，形成不能随时运出的"死煤堆"。由于煤堆不能及时流向输送机，在叶片和截齿双重作用下，煤堆在截割过程中将会被重复破碎，进而大大降低块煤率。

图 5.49 不同时刻煤流的运动状态

螺旋滚筒左旋截割时进入其包络区域内煤炭颗粒 3 个方向上的速度变化曲线如图 5.50 所示。随着螺旋滚筒逐渐切入煤壁，进入滚筒包络区域内的颗粒逐渐增多，在螺旋叶片推挤作用下，颗粒沿 Y 向（滚筒轴向）和 X 向（牵引方向）的速度大小（即绝对值）不断增大，而由于螺旋叶片旋向导致位于滚筒前半侧包络区域内颗粒获得除重力外的一个额外加速度。顺转截割时滚筒包络区域内颗粒在 X 向和 Z 向上的平均速度比逆转截割时大，而 Y 向上的速度却有所减小，进而导致包络区域内的颗粒流向工作面的能力降低。

统计得到统计区域 I 和统计区域 II 范围内煤炭颗粒累积质量随时间的变化曲线如图 5.51 所示。由图 5.51 可见，在初始截割时，靠近工作面一侧的

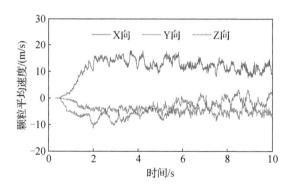

图5.50　滚筒包络区域内煤炭颗粒平均速度的变化

煤壁在破碎后最先落入统计区域Ⅰ；随着滚筒继续切入煤壁，进入两区域内的颗粒累积质量都不断增加，但是由于螺旋叶片旋向的改变，在其推挤作用下，破落的煤炭颗粒流向统计区域Ⅱ的颗粒质量明显大于统计区域Ⅰ的颗粒质量。

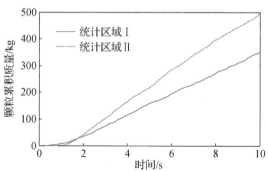

图5.51　煤炭累积质量的变化

　根据图5.51中两区域内颗粒的统计数据，得到螺旋滚筒左旋截割时的装煤率如图5.52所示。螺旋滚筒顺转截割时的装煤率变化规律同逆转截割时基本一致，都是在刚切入煤壁时，工作面最外侧煤壁破碎后先落入统计区域Ⅰ范围内，此时螺旋滚筒输送能力最强；但是随着截割的进行，顺转截割破落的煤炭颗粒大部分开始流向统计区域Ⅱ范围内，导致螺旋滚筒装煤率逐渐降低；当采煤机稳定截割时，螺旋滚筒的装煤率基本稳定在41%左右，与螺旋滚筒逆转截割时70%左右的装煤率相比，装煤效率有较大程度的降低。

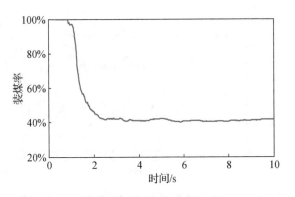

图 5.52　装煤率的变化

5.3.5　牵引速度对装煤过程的影响

对螺旋滚筒以转速为 58 r/min、截深为 800 mm、牵引速度在 4～10 m/min 范围内截割时的装煤过程进行分析，得到煤炭颗粒速度分布如图 5.53 所示。由图 5.53 可见，较大的牵引速度使得滚筒在单位时间内剥落的煤炭颗粒增多，滚筒包络区域内颗粒填充率较高，煤炭颗粒间相互摩擦作用加强，降低了颗粒轴向运动能力；牵引速度越大，剥落的煤炭颗粒在牵引方向反向的运动速度越大，当颗粒与叶片之间摩擦力不足以使颗粒继续沿滚筒轴

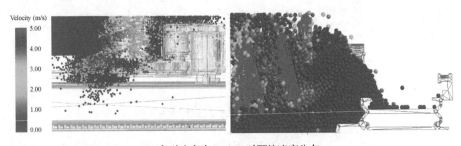

(a) 牵引速度为4 m/min时颗粒速度分布

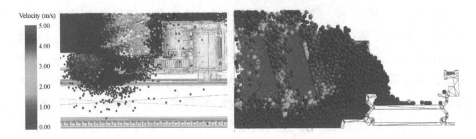

(b) 牵引速度为6 m/min时颗粒速度分布

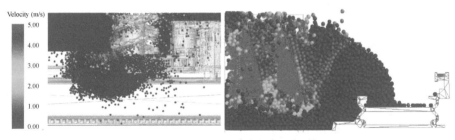

(c) 牵引速度为8 m/min时颗粒速度分布

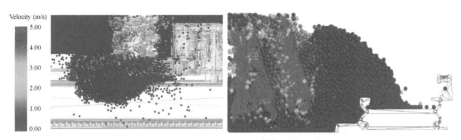

(d) 牵引速度为10 m/min时颗粒速度分布

图5.53　不同牵引速度下煤炭颗粒的速度分布

向运动时，部分颗粒被螺旋叶片抛向采空区。在螺旋叶片作用下而不断流出的煤炭颗粒则在摇臂伸出端前方形成循环煤，随着颗粒的不断流出，循环煤所形成的煤堆高度不断增加，当达到一定程度后，煤炭颗粒开始向输送机上装载。

不同牵引速度时统计区域Ⅰ内煤炭颗粒在X、Y、Z向上的平均速度变化曲线如图5.54所示。由图5.54可见，统计区域Ⅰ范围内的煤炭颗粒平均速度的波动随着牵引速度增加而增大。牵引速度越大，流向工作面与输送机区域内的颗粒越多，并且能够在较短时间内形成循环煤堆；后续截割下的煤炭颗粒在原有煤堆阻碍下，速度不断减小，并在原有煤堆上不断累积，最终在摇臂壳体推挤作用下，由煤堆逐渐流入输送机内。

不同牵引速度时统计区域Ⅱ内颗粒在X、Y、Z向上的平均速度变化曲线如图5.55所示。由图5.55可见，牵引速度的变化对于统计区域Ⅱ内颗粒平均速度的影响也主要集中在牵引速度方向和垂直方向，对颗粒沿滚筒轴向上的速度影响最小。随着牵引速度增大，进入统计区域Ⅱ内颗粒在X向上的速度出现了明显降低，而其他两个方向上的速度变化较小。

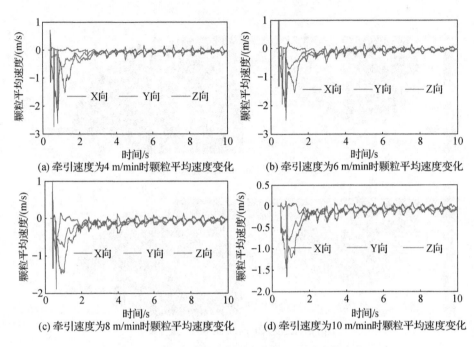

图 5.54 统计区域 I 内煤炭颗粒平均速度的变化

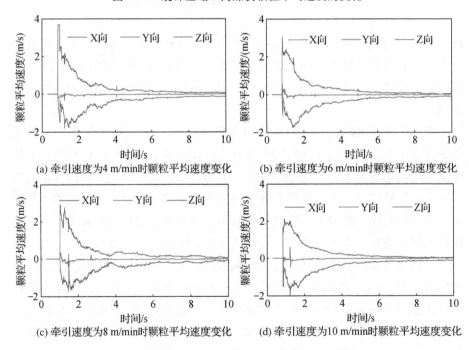

图 5.55 统计区域 II 内煤炭颗粒平均速度的变化

图 5.56 和图 5.57 是统计区域 I 和统计区域 II 范围内煤炭颗粒累积质量随时间的变化曲线。由图可见，落入两区域内的颗粒累积质量随着截割的进行呈现出线性增加；不同统计区域内的颗粒累积质量在不同牵引速度下也呈现出明显不同，同一时刻，牵引速度越大，单位时间内破碎的煤炭颗粒质量越大，落入统计区域 I 范围内（可视为有效输出）和统计区域 II 范围内颗粒累积质量也越大。

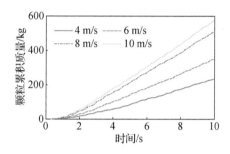

图 5.56   统计区域 I 内颗粒累积
质量的变化

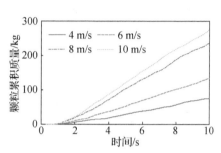

图 5.57   统计区域 II 内颗粒累积
质量的变化

根据图 5.56 和图 5.57 的统计数据得到螺旋滚筒装煤率如图 5.58 所示。由图 5.58 可见，随着牵引速度的增大，从煤壁上剥落下的煤炭颗粒在牵引速度方向上速度增大，颗粒轴向运动速度减小，导致颗粒在螺旋叶片推挤作用下流向工作面的能力减弱，而被甩向滚筒后方的能力增强，导致滚筒装煤率逐渐降低。当牵引速度由 4 m/min 增大到 8 m/min 时，滚筒装煤率增加的幅度较大；当牵引速度由 8 m/min 继续增大时，滚筒装煤率增大的趋势逐渐趋于平缓。

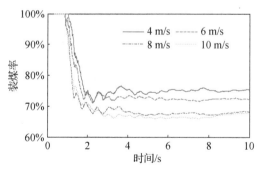

图 5.58   不同牵引速度下装煤率的变化

不同牵引速度条件下，采煤机达到稳定截割时的仿真结果统计如表 5.11 所示。由表可见，随着牵引速度的增加，统计区域 Ⅱ 内颗粒增加的幅度明显高于统计区域 Ⅰ 内颗粒增加的幅度，从而导致牵引速度由 4 m/min 增大到 10 m/min 时，其装煤率反而由 75.65% 降低至 67.58%。不同区域内煤炭颗粒 3 个方向上的平均速度随牵引速度变化规律曲线如图 5.59 所示。由图 5.59 可见，随着牵引速度的增大，统计区域 Ⅰ 内颗粒平均速度呈现出先减小后增大的趋势，其中颗粒在 X 向上的速度变化最为明显；统计区域 Ⅱ 内颗粒在 Y 向上的速度变化不大，在 X 向和 Z 向上的速度也呈现出先减小后增大的变化，但 Z 向上的速度大小及其变化幅度都明显高于 X 向。

表 5.11　不同牵引速度下颗粒数据统计

牵引速度/ (m/min)	统计区域 Ⅰ 内颗粒平均速度/(m/s)			统计区域 Ⅱ 内颗粒平均速度/(m/s)			颗粒累积质量/kg		装煤率
	X 向	Y 向	Z 向	X 向	Y 向	Z 向	统计区域 Ⅰ	统计区域 Ⅱ	
4	0.116	0.111	0.040	0.056	0.007	0.086	236.9	75.1	75.65%
6	0.098	0.057	0.032	0.026	0.003	0.056	348.2	133.9	72.23%
8	0.034	0.028	0.023	0.033	0.002	0.112	504.6	235.8	68.15%
10	0.079	0.048	0.072	0.035	0.006	0.121	572.7	274.8	67.58%

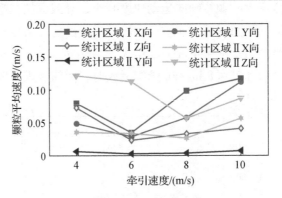

图 5.59　颗粒平均速度随牵引速度的变化

5.4　多因素影响下的装煤性能分析

上文主要对影响螺旋滚筒装煤性能的参数进行单因素数值模拟实验，通过数值模拟研究了螺旋叶片升角、截割深度、滚筒转速、滚筒旋向以及牵引速度对煤流运动规律及滚筒装煤效果的影响。由模拟结果可知，螺旋滚筒在右旋截割时的装煤效率明显高于左旋截割，为确定各因素对滚筒装煤性能影响的显著性因子，只需要对在螺旋叶片升角、截割深度、牵引速度、滚筒转速4个因素交互影响下螺旋滚筒的装煤性能进行研究。通过采用正交试验方法挑选具有代表性的工况来安排仿真方案，这样既能研究多因子对装煤性能的影响，而且能通过有限的试验获取较精确的结果[176-177]。

对螺旋叶片升角、截割深度、牵引速度、滚筒转速4个因素选取4个因素水平，选择正交试验表 $L_{16}(4^5)$ 确定试验次数并安排试验中各参数值，对四因素四水平正交试验中16组模型进行模拟的仿真结果如表5.12所示，四因素对滚筒装煤效率影响的显著性分析结果如表5.13所示。

表 5.12　正交试验结果统计

序号	螺旋叶片升角/°	截割深度/mm	滚筒转速/（r/min）	牵引速度/（m/min）	装煤率
1	10	500	40	4	66.98%
2	10	600	60	6	65.16%
3	10	700	80	8	63.85%
4	10	800	100	10	62.21%
5	14	500	60	8	70.34%
6	14	600	40	10	66.31%
7	14	700	100	4	70.15%
8	14	800	80	6	66.64%
9	18	500	80	10	69.01%
10	18	600	100	8	71.05%
11	18	700	40	6	71.51%
12	18	800	60	4	69.22%
13	22	500	100	6	70.65%
14	22	600	80	4	72.39%
15	22	700	60	10	66.85%
16	22	800	40	8	65.09%

表 5.13   正交试验显著性分析结果

因素	螺旋叶片升角/°	截割深度/mm	滚筒转速/(r/min)	牵引速度/(m/min)
偏差平方和	69.643	27.864	2.201	27.509
自由度	3	3	3	3
F 比	2.582	1.033	0.082	1.020

由表 4.7 可以看出，螺旋滚筒右旋时，螺旋叶片升角的大小对其装煤效率的影响最大，牵引速度和截割深度次之，滚筒转速对装煤率的影响最不显著。根据试验结果，对螺旋叶片升角、截割深度、滚筒转速以及牵引速度在四水平下的平均数据进行统计，得到装煤率的变化规律如图 5.60 所示。由图 5.60 可见，由于螺旋叶片升角的变化，叶片在旋转时对滚筒包络区域内颗粒的推挤方向产生变化，使得颗粒在滚筒轴向和牵引方向上的速度发生变化，进而使滚筒装煤率随着螺旋叶片升角的增大而呈现出抛物线式的变化。截割深度越大，螺旋滚筒里侧（靠近端盘处）所破落的煤炭颗粒越难被叶片输送至工作面，导致其装煤率越低；而牵引速度的降低能够使位于滚筒包

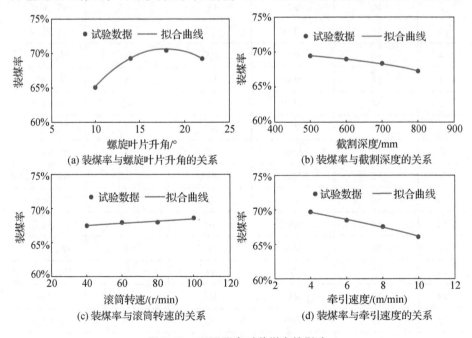

(a) 装煤率与螺旋叶片升角的关系

(b) 装煤率与截割深度的关系

(c) 装煤率与滚筒转速的关系

(d) 装煤率与牵引速度的关系

图 5.60   不同因素对装煤率的影响

络区域内的颗粒获得较大的轴向速度，从而能顺利流出；滚筒转速的增加，不仅使颗粒获得较大的轴向速度，而且使颗粒在牵引反方向上的速度也增大，这样造成了高转速条件下滚筒装煤效果并没有明显的提高。

5.5　本章小结

本章将 DEM 引入到螺旋滚筒装煤性能的评价当中，研究了离散颗粒接触动力学模型及其接触时的切向变形，确定了煤壁中煤炭颗粒接触刚度及接触阻尼等相关参数选取；采用三维建模软件和离散元仿真软件建立薄煤层采煤机螺旋滚筒装煤模型，根据单因素试验模拟结果找出了相关结构与运动参数等因素对滚筒装煤性能的影响规律，同时对上述影响因素进行四因素四水平正交试验，分析不同因素对滚筒装煤性能的影响权重。研究结果为螺旋滚筒结构的优化设计以及装煤性能的评价提供了一种新的方法。

6 螺旋滚筒对采煤机动态
可靠性的影响研究

螺旋滚筒是采煤机的工作机构，其在截割煤岩时所受载荷对采煤机的稳定性、生产效率以及结构件的动态可靠性都有着重要的影响[178-179]。在螺旋滚筒的设计及选型过程中，为了保证与采煤机的合理匹配，不仅要考虑螺旋滚筒的截割性能、装煤性能，还需对采用不同型号螺旋滚筒的采煤机的动态可靠性进行分析与评估。

6.1 螺旋滚筒煤岩适应性分析

由前面的分析结果可知，A 型螺旋滚筒在截割过程中受力较为恶劣，非线性冲击载荷将会对采煤机关键零部件受力状态及采煤机整机振动产生较大影响。另外，该型螺旋滚筒由于螺旋叶片升角较小，在循环煤堆形成后，滚筒包络区域内的煤炭颗粒继续沿轴向运动能力减弱。根据螺旋滚筒受力分析可知，螺旋滚筒受力是参与截割截齿受力的线性叠加，非端盘截线上截齿的截割宽度均匀分布能有效降低滚筒载荷波动。同时，适当增加端盘截齿数量可以有效提高截齿侧向力，进而使其与螺旋叶片装煤反力抵消来降低螺旋滚筒轴向受力，避免出现采煤机截割过程前摇臂被"吸"进煤壁的现象。根据对螺旋滚筒装煤理论的分析可知，适当提高螺旋叶片升角能够提高煤炭颗粒在滚筒轴向上的流动能力；通过离散元数值模拟可知，当煤壁内部颗粒破碎后，煤炭颗粒在螺旋叶片作用下沿滚筒轴向流动，最终在靠近滚筒端部累积，该段长度范围内滚筒的充满系数较高，煤炭颗粒沿轴向流动能力降低。

为提高螺旋滚筒截割性能及装煤效率，基于以上分析，对原滚筒结构进行改进得到 B 型螺旋滚筒，如图 6.1 所示。该滚筒具有 17 条截线，螺旋叶片升角为 13°（1 – 7 截线）和 17°（8 – 11 截线），端盘截齿数为 15 个，分布在 A、B、C、D、E 和 F 截线上，A 截线上截齿为 6 个，B 和 C 截线上截齿各 3 个，D、E、F 截线上截齿各 1 个，截齿安装角均为 45°，倾斜角分别为 15°、12°、8°、5°、2°和 0°，转角分别为 47°、35°、20°、12°、5°和 0°。根据截齿排列建立 B 型螺旋滚筒截齿族表及三维实体模型如图 6.2 所示。

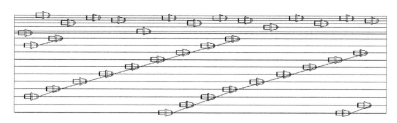

图 6.1　B 型螺旋滚筒截齿排列

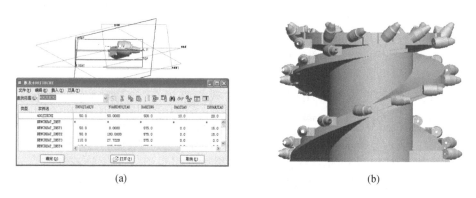

(a)　　　　　　　　　　　　　　　　　(b)

图 6.2　B 型螺旋滚筒截齿族表及三维实体模型

以牵引速度为 5 m/min、滚筒截煤厚度为滚筒直径 1150 mm 为例，计算出 A、B 型滚筒受到的载荷如图 6.3、图 6.4 所示。由于 B 型螺旋滚筒叶片

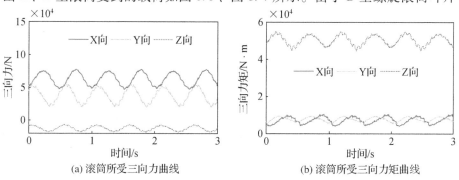

(a) 滚筒所受三向力曲线　　　　　　　　(b) 滚筒所受三向力矩曲线

图 6.3　A 型螺旋滚筒瞬时载荷

为变螺旋叶片升角，其截齿排列较 A 型螺旋滚筒出现了变化，其中截线距分布更加均匀、截齿总数减少。在相同截割条件下，改进后的 B 型螺旋滚筒所受的冲击载荷比 A 型螺旋滚筒小，且载荷波动也有一定程度的降低。

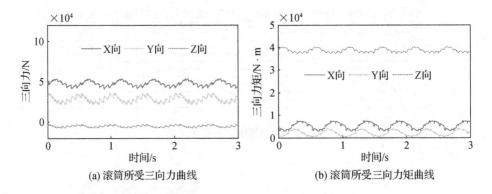

(a) 滚筒所受三向力曲线　　　　　　(b) 滚筒所受三向力矩曲线

图6.4　B 型螺旋滚筒瞬时载荷

A、B 型螺旋滚筒在上述工况下的截割阻力矩、截割功率如图 6.5、图 6.6 所示。由图可见，两型号螺旋滚筒截割阻力矩和截割功率的波动趋势均保持一致，但 B 型螺旋滚筒受到冲击载荷的波动明显低于 A 型螺旋滚筒，且 B 型螺旋滚筒受到的截割阻力矩和截割功率相对于 A 型螺旋滚筒有一定程度的降低。在截割同一煤层时，采用 B 型螺旋滚筒不仅能够保证采煤机的工作稳定性，而且能够以较快的牵引速度进行截割作业，从而提高煤炭生产效率。

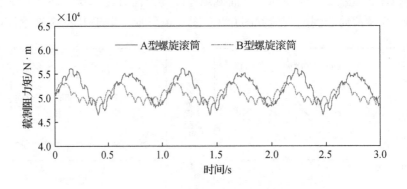

图6.5　两种螺旋滚筒截割阻力矩

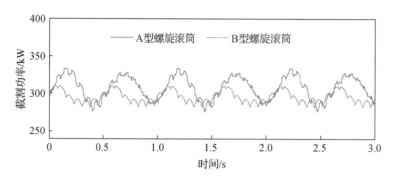

图 6.6　两种螺旋滚筒截割功率

计算得到两型号螺旋滚筒截割阻力矩随滚筒转速和牵引速度变化的规律如图 6.7 所示。由图可见，由于 A 型螺旋滚筒截齿总数较 B 型螺旋滚筒多，在相同条件下截割同一性质煤层时，其受到的截割阻力矩高于 B 型螺旋滚筒。在滚筒截割阻力矩分布特性中，截割总阻力矩分布曲面沿滚筒转速降低和牵引速度增大两个方向缓慢上升，曲面较平坦，但当两者增加到与某一曲线相交时，曲面率迅速增加直至最大。滚筒转速越高，截割阻力矩相对于牵引速度的变化范围越小，其刚性沿某一方向上越来越软。总体说来，滚筒转速或牵引速度在某一范围内变化时，滚筒截割阻力矩的变化不会很剧烈。

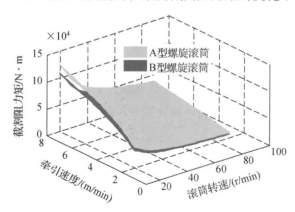

图 6.7　滚筒截割阻力矩特性分布

截割功率随滚筒转速及牵引速度的变化规律如图 6.8 所示。由图可见，截割功率沿滚筒转速和牵引速度增大的两个方向不断上升，曲面变化同截割阻力距的趋势类似，且 A 型螺旋滚筒在截割时的功率消耗略大于 B 型螺旋滚筒。随着滚筒转速的降低，截割功率相对于牵引速度变化曲线的斜率增加，说明在高滚筒转速下，变速牵引时滚筒截割功率相对稳定。采煤机若选用 A 型螺旋滚筒与其配套，为充分发挥采煤机的生产能力，根据滚筒截割阻力矩以及截割功率分布规律，计算得到该采煤机在该工作面截割时的最大牵引速度约为 6.78 m/min；若选用 B 型螺旋滚筒，该采煤机最大牵引速度约为 7.53 m/min。

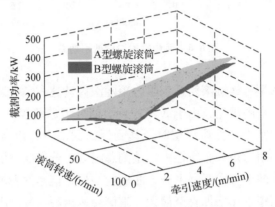

图 6.8　滚筒截割功率特性分布

对 A、B 型螺旋滚筒以牵引速度为 7 m/min、转速为 58 r/min、截割深度为 800 mm 时的装煤过程进行数值模拟，得到两种型号螺旋滚筒装煤率如图 6.9 所示。由图 6.9 可见，两种型号滚筒装煤率的变化趋势基本一致，其中 B 型螺旋滚筒在稳定截割时的装煤率稳定在 71% 左右，而 A 型螺旋滚筒装煤率稳定在 67% 左右。由于 B 型螺旋滚筒采用变螺旋叶片升角，叶片在滚筒端部的升角较大，当包络区域内颗粒运动到滚筒端部时更易流出，螺旋滚筒的输送能力得到提高。

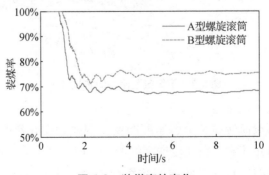

图 6.9　装煤率的变化

6.2 采煤机动态可靠性分析

6.2.1 多领域建模与协同仿真

随着建模与仿真技术的发展，诸多商用仿真软件也开始支持多领域建模与仿真，如图 6.10 所示，典型的有三维建模软件 Pro/E、动力学仿真软件 ADAMS、有限元软件 ANSYS 和数值计算软件 MATLAB 等，其中 ADAMS 软件可通过 MATLAB/Simulink、MATRIXX 等软件的接口实现对系统的联合建模与协同仿真[180]。

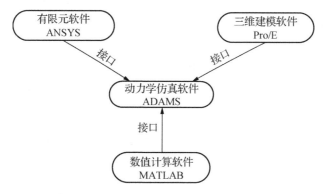

图 6.10 基于接口技术的多软件建模

对于大型复杂系统，仅用某一项技术对系统进行仿真分析不能得到系统全面的动态信息，此时就需要融合多方面的相关技术，图 6.11 给出了虚拟

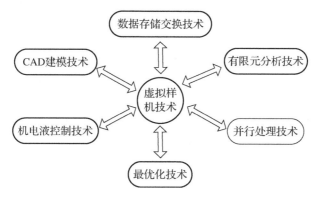

图 6.11 虚拟样机相关技术

样机技术的相关技术，在相关理论与技术相互支撑下便可构造出虚拟样机的协同仿真平台。

当机械系统中的部分物体需要作为柔性体进行考虑，其余部件则看作不考虑其变形的刚性体时，称之为刚柔多体系统。

设 P 为柔性体上任一点，则其位置向量可以表示为

$$\boldsymbol{r} = \boldsymbol{r}_0 + \boldsymbol{A}(s_p + u_p)。 \tag{6.1}$$

式中：$\boldsymbol{r}$ 为 P 点在惯性坐标系中的位置向量；$\boldsymbol{r}_0$ 为浮动坐标系原点在惯性坐标系中的位置向量；$\boldsymbol{A}$ 为方向余弦矩阵；s_p 为柔性体未变形时 P 点在浮动坐标系中的位置向量；u_p 为相对变形量，若采用模态坐标表示，$u_p = \boldsymbol{\Phi}_p q_f$，$\boldsymbol{\Phi}_p$ 为变形模态矩阵，其满足里茨基向量要求，q_f 是变形的广义坐标。

在多柔体系统中，柔性体的广义坐标可选为

$$\varepsilon = [r,\psi,q]^T = [x,y,z,\psi,\theta,\varphi,q_i(i = 1,2,\cdots,m)]^T。 \tag{6.2}$$

式中：$r = (x,y,z)$ 为惯性坐标系中的笛卡尔坐标；$\psi = (\psi,\theta,\varphi)$ 为刚性体方位的欧拉角；$\boldsymbol{Q} = q_i(i = 1,2,\cdots,m)$ 为模态位置矢量。

柔性体的动能可以表示为

$$T = \frac{1}{2}\int \rho \nu^T \nu \mathrm{d}\nu \approx \frac{1}{2}\sum_{i=1}^{N}(m_i \nu_i^T \nu_i + \omega_i^T I_i \omega_i)。 \tag{6.3}$$

式中：m_i 是节点 i 的模态质量；I_i 是节点 i 的模态惯量。

设 ξ 是 $(6 + k)$ 维的广义坐标，由拉格朗日方程导出：

$$\begin{cases} \dfrac{\mathrm{d}}{\mathrm{d}t}\left(\dfrac{\partial L}{\partial \xi}\right) - \dfrac{\partial L}{\partial \xi} + \dfrac{\partial \Gamma}{\partial \xi} + \left(\dfrac{\partial \Psi}{\partial \xi}\right)^T \lambda - Q = 0 \\ \Psi = 0 \end{cases}。 \tag{6.4}$$

式中：$L = T - W$ 是拉格朗日项；$\Psi = 0$ 是约束方程；λ 是对应于约束方程的拉格朗日乘子向量；Q 是投影到广义坐标系的广义力。

将 T、W、Γ 带入上式中，得到多柔体系统的运动微分方程为

$$\boldsymbol{M}\xi'' + \boldsymbol{M}'\xi' - \frac{1}{2}\left[\frac{\partial \boldsymbol{M}}{\partial \xi}\xi'\right]^T \xi' + \boldsymbol{K}\xi + f_g + \boldsymbol{D}\xi' + \left[\frac{\partial \psi}{\partial \xi}\right]^T \lambda = Q。 \tag{6.5}$$

式中：$\boldsymbol{M}$ 为模态质量矩阵；$\boldsymbol{K}$ 为模态刚度矩阵；$\boldsymbol{D}$ 为模态阻尼矩阵；$\boldsymbol{K}\xi$ 和 $\boldsymbol{D}\xi$ 分别代表在物体内部由于弹性变形和阻尼引起的广义力；f_g 为广义重力；λ 为约束方程的拉格朗日乘子向量；Q 为对应于外力的广义力。

采煤机是一个复杂的系统，强迫振动方程可表示为

$$[\boldsymbol{M}]\{x''\} + [\boldsymbol{C}]\{x'\} + [\boldsymbol{K}]\{x\} = \{p(t)\}。 \tag{6.6}$$

式中：M 为模态质量矩阵；K 为模态刚度矩阵；$P(t)$ 为外部激励；$C = \alpha[M] + \beta[K]$ 为阻尼矩阵，其中 α、β 为比例系数。

则其特征方程为

$$Det(-w^2[M] - [K]) = 0 \text{。} \tag{6.7}$$

求得其 N 个特征值为 $w_1^2, w_2^2, \cdots, w_N^2$ 和对应的特征向量为 $\{\varphi_1\}, \{\varphi_2\}, \cdots, \{\varphi_N\}$，这些特征向量组成 n 阶方阵即为模态矩阵。

经坐标变换得

$$\{x\} = \{\varphi\}\{\eta(t)\} = \sum_{r=1}^{N} \varphi_r \eta_r(t) \text{。} \tag{6.8}$$

式中：$\{x\}$ 为物理坐标；$\{\eta(t)\}$ 为模态坐标；$\{\varphi\} = \{\varphi_1, \varphi_2, \cdots, \varphi_N\}$ 为模态矩阵。

通过正交关系 $\{\varphi_r\}^T[M]\{\varphi_r\} = m_r$；$\{\varphi_r\}^T[K]\{\varphi_r\} = k_r$，其中 m_r 和 k_r 为对称阵，即把一个 N 维自由度问题变成 N 个单自由度问题。

对于第 r 阶模态响应方程：

$$m_r\eta''_r(t) + c_r\eta'_r(t) + k_r\eta_r(t) = f_r(t) \text{。} \tag{6.9}$$

式中：$f_r(t) = \{\varphi_r\}^T\{p(t)\} = \sum_{i=1}^{N} \varphi_i^r \{p_i(t)\}$，$\varphi_i^r$ 为第 r 阶模态的第 i 个元素，$f_r(t)$ 为第 r 阶模态广义力。

由式（6.9）解得：

$$\eta_r(t) = \left(\frac{1}{m_r\omega_{dr}}\right)\int_0^t f_r(\tau)\mathrm{e}^{-\varepsilon_r\omega_r(t-\tau)}\sin\omega_{dr}(t-\tau)\mathrm{d}\tau \text{。} \tag{6.10}$$

式中：ω_r 为无阻尼自由振动频率；ω_{dr} 为有阻尼自由振动频率；ε_r 为阻尼比。

6.2.2　采煤机刚柔耦合模型的建立

由于薄煤层采煤机械具有组成关系复杂、系统的子系统之间以及系统与环境之间交互关系和能量交换复杂等特点，利用传统的某一仿真分析工具来分析其动态可靠性的置信度较低。为了更全面评估和分析设备的动态特性，项目组设计了基于接口技术的薄煤层采煤机多软件协同仿真技术流程，如图6.12 所示。

采煤机截割部壳体构造比较复杂，建模时各轴、孔之间的尺寸位置必须严格按照项目中的图纸要求来进行绘制，以保证其他相关零件的位置与之对应装配后没有任何干涉。本章首先利用 Pro/E 高级建模命令中的交互操作绘

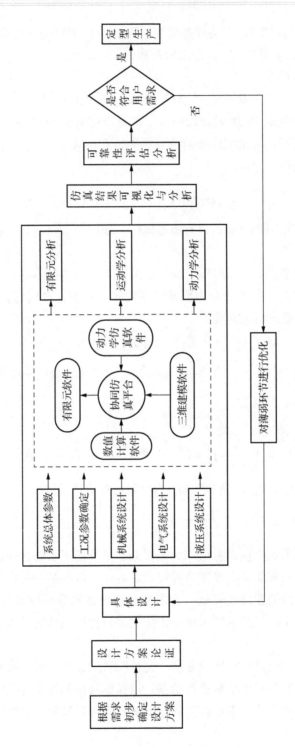

图6.12 多软件协同仿真技术流程

制出截割部壳体的大概轮廓，再通过添加多个辅助剖面对模型进行拉伸、扫描、拔模、旋转、开孔等操作，完成截割部壳体的实体建模，如图 6.13 所示。

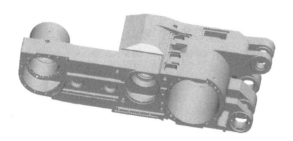

图 6.13　截割部壳体实体模型

采煤机滚筒的建模零件包括螺旋叶片、毂筒、齿座、截齿、端盘等，结构相对比较复杂，为了设计出比较合理的采煤机滚筒，由课题组开发的"基于 MATLAB 与 Excel 联合编程开发的采煤机滚筒辅助设计软件"可以很好地将滚筒的结构参数、运动学参数、采煤机结构参数、煤岩性质等相关参数之间的匹配关系综合考虑，通过参数命令关系将生成的截齿排列图作为 Pro/E 建立滚筒截齿模型的坐标族表进行滚筒三维建模，并可以保证截齿之间不产生干涉，最终建立的采煤机滚筒实体模型如图 6.14 所示。

图 6.14　采煤机滚筒实体模型

采煤机截割部中的轴类零件都是以回转体为原型，再通过对旋转得到的回转体轮廓模型进行拉伸、孔工具、旋转等操作命令创建所需零件模型。截割部中的轴承类型都不一样，且比较繁多，为了使轴承模型的建立更加容易和准确，可以先将项目提供的二维图纸中的轴承图纸另存为.igs 格式文件，之后在 Pro/E 中通过"草绘"→"数据来自文件"导入轴承的.igs 格式文件，通过绘制中心线对其进行旋转完成轴承基本轮廓，再使用拉伸、倒角、旋转等其他操作命令完成所需特征的建立。最后建立的惰轮轴和轴承实体模型分别如图 6.15 和图 6.16 所示。

图 6.15　惰轮轴实体模型　　　　图 6.16　轴承实体模型

　　齿轮零件种类很多，在截割部中的齿轮数量也是最多的，由于其在截割部工作中属于关键零件，需要对齿轮零件进行十分精确的建模。因此，为了提高齿轮零件建模的速度并保证其精度，使用参数化建模方法，根据齿轮齿数（z）、模数（m）、压力角（α）、齿厚（b）、分度圆（d）、变位系数（x）等参数之间的关系，建立各齿轮零件的完整模型。Pro/E 中的齿轮齿型渐开线生成方程的代码如下：

$$d = m * z, d_b = d * \cos \alpha;$$

$$\alpha = 45 * t, r = \frac{d_b}{2};$$

$$x = r * \cos \alpha + r * \sin \alpha * pi * \frac{\alpha}{180};$$

$$y = r * \sin \alpha - r * \cos \alpha * pi * \frac{\alpha}{180};$$

$$z = 0;$$

$$\cdots\cdots$$

　　之后通过所画齿轮类型的不同，输入该齿轮的具体参数，便可画出所需的齿轮模型，输入的参数程序命令如下：

MODULE1 =

TOOTH_NUMBER1 =

PRESSURE_ANGLE1 =

R1 = 0. 5 * MODULE1 * TOOTH_NUMBER1

RB1 = R1 * COS （PRESSURE_ANGLE1）

P_1 = PI * MODULE1

S1 = P_1/2

RA1 = R1 + MODULE1

RF1 = R1 − 1. 25 * MODULE1

INV_A1 = TAN （PRESSURE_ANGLE1） − PRESSURE_ANGLE1 * PI/180

SB1 = 2 * RB1 * （S1/2/R1 + INV_A1）

ANGLE_TOOTH_THICK1 = SB1/RB1 * 180/PI

ANGLE_TOOTH_SPACE1 = 360/TOOTH_NUMBER1 − ANGLE_TOOTH_THICK1

建立的齿轮零件实体模型如图 6. 17 至图 6. 22 所示。

图 6. 17　太阳轮实体模型　　　　图 6. 18　行星轮实体模型

图 6. 19　齿轮轴实体模型　　　　图 6. 20　内齿圈实体模型

图6.21　轴承杯实体模型　　　　　图6.22　行星架实体模型

　　截割部其他零件主要通过拉伸、旋转、镜像和阵列等简单命令操作即可完成建模，建立好的零件实体模型如图6.23和图6.24所示。

图6.23　方头实体模型　　　　　图6.24　端盖实体模型

6.2.3　采煤机截割部的虚拟装配及干涉检查

　　（1）截割部的零部件静态虚拟装配

　　对建好的各零部件模型进行静态虚拟装配是截割部三维建模的关键步骤之一，其装配的好坏直接影响仿真分析的可靠性和准确性。在静态虚拟装配过程中，必须保证各零件装配位置和相互之间约束关系的完整性和正确性，并且尽量让其与实际装配顺序保持一致。在Pro/E虚拟装配中，主要有由底向上、由顶向下和混合装配3种装配方法[181]。结合本项目的采煤机截割部结构实际情况和项目所提供的装配图纸要求，本书选择从底向上的装配方法，先将各零件进行子装配体的装配，图 6.25 和图 6.26 分别为子装配体行星减速器和截割部系统的总装内部模型。

图 6.25 行星减速器总装内部模型　　图 6.26 截割部总装内部模型

最后将所有子装配体装配到截割部壳体上完成整个截割部的总装配，如图 6.27 所示。

图 6.27 截割部总装配模型

（2）装配模型的干涉检查

由于采煤机整机模型中的零件较多，在 Pro/E 中完成各零件的建模后，需要对零件进行虚拟装配，此时要根据设计要求和采煤机实际工作状态合理进行装配规划，以保证正确的装配关系[182]。在对采煤机进行虚拟装配时，可将不同模块各自组装为子装配体，随后将各模块按照图 6.28 所示的拓扑结构进行再次装配，进而完成采煤机整机的装配。

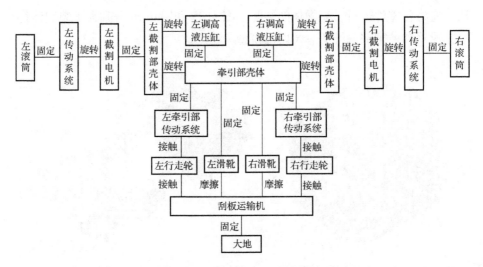

图 6.28　薄煤层采煤机拓扑结构

完成整个截割部的总装配后，需要对其进行全局静态干涉检查，如图 6.29 所示，以确保整个模型组件没有任何设计上的配合、公差和及结构上的错误，方便保证后续模型仿真工作的可靠性和准确性。

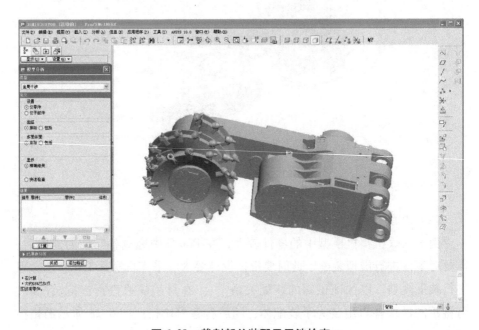

图 6.29　截割部总装配无干涉检查

在将模型导入 ADAMS 中前，应将 Pro/E 中组件的单位设置为 MMKS，以确保两者单位统一，从而方便模型的导入。同时，可将相互连接且没有相对运动的零件作为一个刚性构件导入，以缩短仿真时间、提高工作效率。最终建立的截割部及牵引部模型如图 6.30、图 6.31 所示。

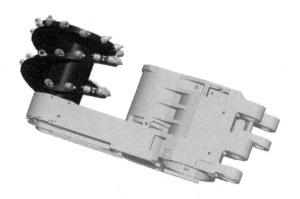

图 6.30　截割部模型

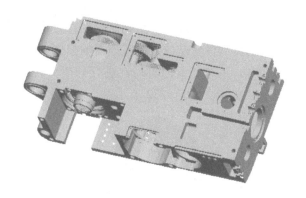

图 6.31　牵引部模型

在完成整机装配之后，可通过 Model Verify（模型验证）对所建模型的约束、自由度、驱动、零件数目进行检测，根据提示信息修改模型中的约束直至校验成功。在校验成功后，可对刚性模型进行动力学仿真并观测仿真动画及结果与预期是否一致，通过齿轮的仿真转速与理论转速对比可以验证传动系统模型是否准确。以采煤机截割部传动系统为例，当截割电机输出转速为 1480.000 r/min 时，将仿真后各传动轴的转速与理论转速进行对比，如表

6.1 所示，发现整个传动系统转速误差最大为 0.597% ，可见整个传动系统模型是准确的。

表 6.1　截割部各轴转速对比

零件	理论值/(r/min)	仿真值/(r/min)	误差
电机轴	1480.000	1480.000	0.000%
太阳轴	439.375	439.866	0.112%
行星轮	116.987	116.289	0.597%
行星架	73.2292	73.312	0.113%
滚筒	58.0782	58.091	0.022%

对关键零件进行柔性化处理是进行薄弱环节可靠性分析的重要环节[183]，在采煤机工作过程中，摇臂壳体不仅承受着传动系统内部齿轮啮合时的冲击，还会承受螺旋滚筒截割时受到的交变冲击载荷作用，在机械系统中属于受力较为恶劣的薄弱环节。由于行星减速机构具有较大的减速比，且能够传递较大的扭矩，因此在摇臂壳体内部的传动系统中通常会采用行星减速器。在动力传递过程中，滚筒截割时受到的交变冲击载荷使得行星机构承受较大的负载，过大的负载极易造成行星减速器的损坏，影响整个生产过程的进行，因此有必要对行星减速器的可靠性进行分析。最终利用 ANSYS 生成关键零件的模态中性文件，如图 6.32 所示。

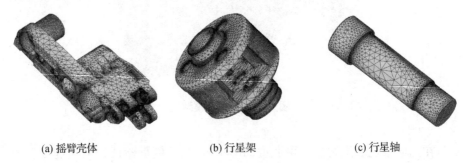

(a) 摇臂壳体　　　　　　(b) 行星架　　　　　　(c) 行星轴

图 6.32　关键零件的模态中性文件

将刚性零件替换后，应删除与原刚性零件相关的约束并根据刚、柔零件之间相互作用关系及柔性件特点在外联点位置上重新添加约束和驱动，最终完成采煤机刚柔耦合模型，如图 6.33 所示。

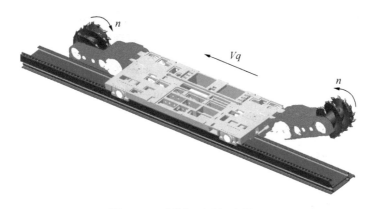

图 6.33　采煤机刚柔耦合模型

6.3　采煤机动力学分析

以 B 型螺旋滚筒为例，计算出采煤机以牵引速度为 5 m/min、前滚筒截煤厚度为滚筒直径 1150 mm、后滚筒截割 450 mm 煤层时前后滚筒受到的载荷，并将载荷施加到前后滚筒质心后进行动力学仿真。得到采煤机按图 6.33 所示运动进行工作时前后两摇臂壳体的应力分布如图 6.34 所示。由图 6.34 可见，由于前摇臂滚筒截割厚度大于后摇臂滚筒截割厚度，前摇臂受到的煤岩冲击明显大于后摇臂；前摇臂壳体在截割过程中的高动应力区域主要集中在摇臂壳体上下支撑耳处，而后摇臂壳体的高动应力区域主要位于与牵引部连接耳处以及行星减速器安装腔端盖螺孔处。

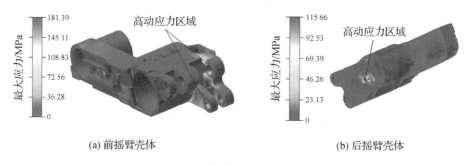

图 6.34　摇臂壳体应力分布云图

前后摇臂壳体最值节点应力曲线如图 6.35 所示。由图可见，在 0 ～ 0.1 s 范围内，采煤机处于空载阶段，此时前后摇臂壳体受力较小；而在

0.1 s 时刻采煤机开始截割煤岩，此时滚筒瞬时加载使得摇臂壳体受力瞬间增大，其中前后摇臂壳体最大应力节点分别为高动应力区域内 19021 节点和 19465 节点。

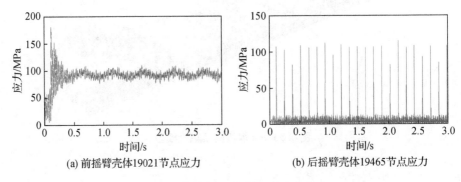

(a) 前摇臂壳体19021节点应力　　　　(b) 后摇臂壳体19465节点应力

图 6.35　摇臂壳体最值节点应力

在截割过程中，若摇臂壳体发生较大变形，会对安装在其内部的齿轮的啮合、传动精度和使用寿命产生重要的影响。前后摇臂壳体在应力最大时刻的变形如图 6.36 所示。由图 6.36 可见，由于前滚筒截割煤壁时受到的冲击比后滚筒大，负载传递到摇臂壳体上使其承受较大的弯矩，使其产生较大的变形，变形较大处主要位于壳体伸出端位置、支撑耳部以及行星减速器安装腔处；而后摇臂壳体的变形主要集中在壳体的伸出端。为减小壳体变形对传动系统的影响，可通过增加伸出端和支撑耳部局部结构的厚度，适当降低采煤机牵引速度，从而提高相关零件的同步协调能力。

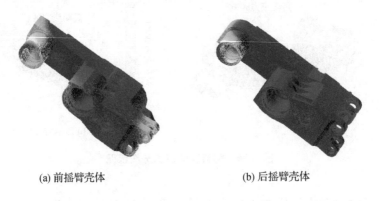

(a) 前摇臂壳体　　　　　　　　　(b) 后摇臂壳体

图 6.36　摇臂壳体 200 倍变形图

前后行星架最大时刻的应力分布如图 6.37 所示。由图 6.37 可见，前后摇臂行星架在截割过程中的高动应力区域主要位于行星架与行星轴连接处和伸出端花键根部；前摇臂行星架高动应力区域范围大于后摇臂行星架。

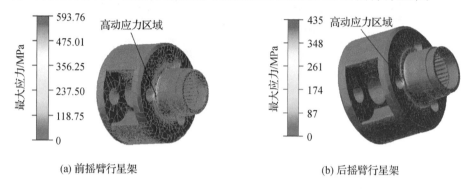

图 6.37　前后行星架应力分布云图

前后摇臂行星架最值节点应力曲线如图 6.38 所示。由图 6.38 可见，由于后滚筒所受负载波动比前滚筒大，使得后摇臂行星架在加载瞬间的受力高于前摇臂行星架，此时前后摇臂行星架最大主应力分别为 593.756 MPa 和 621.116 MPa；在平稳截割阶段，两者的受力逐渐趋于平稳，前后行星架受力平均值分别为 317.253 MPa 和 157.866 MPa。

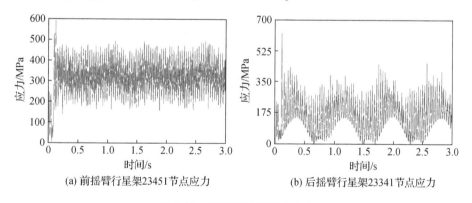

图 6.38　行星架最值节点应力

前后摇臂行星架在应力最大时刻的变形如图 6.39 所示。由图 6.39 可见，滚筒在截割煤岩时受到的负载通过方头传递到行星架，行星架伸出端花键作为动力传递的关键环节，其承受了较大的扭矩，造成该处出现了明显的扭转形变。同时，行星架与行星轴连接处也有较大的变形。

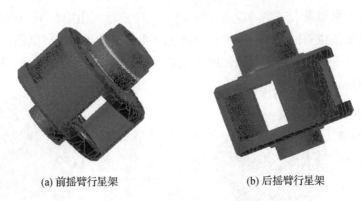

(a) 前摇臂行星架　　　　　　　　(b) 后摇臂行星架

图 6.39　行星架 200 倍变形图

行星轴在整个动力学仿真过程中的应力分布如图 6.40 所示。在截割煤岩时产生的冲击载荷不仅使得行星架承受较大扭矩，而且会造成行星轮的承载结构行星轴受力较为恶劣，其中两减速器中行星轴在其小端轴肩处出现局部应力集中。后滚筒负载较大的波动造成了截割瞬间后摇臂行星轴受力突变明显强于前摇臂行星轴，但在稳定截割后，前摇臂行星轴的受力比后摇臂行星轴大。

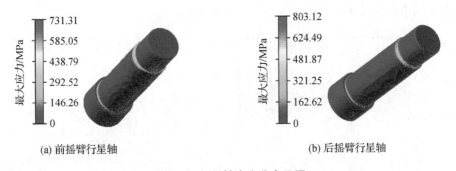

(a) 前摇臂行星轴　　　　　　　　　　　(b) 后摇臂行星轴

图 6.40　行星轴应力分布云图

行星轴最值节点应力曲线如图 6.41 所示。由于后滚筒所受负载波动较前滚筒大，使得后摇臂行星轴在加载瞬间的受力也高于前摇臂行星轴；待截割稳定后两轴的受力也逐渐趋于平稳，稳定后前后行星轴受力的平均值分别为 431.254 MPa 和 223.163 MPa。行星轴在应力最大时刻的变形如图 6.42 所示。由于行星架在工作过程中承受较大扭矩，其产生较大扭转变形将会使与其连接的行星轴也产生明显的形变。

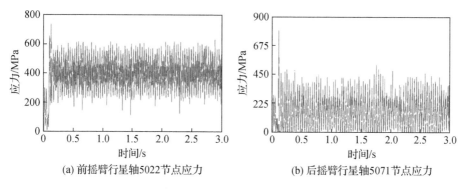

(a) 前摇臂行星轴5022节点应力   (b) 后摇臂行星轴5071节点应力

图 6.41 行星轴最值节点应力

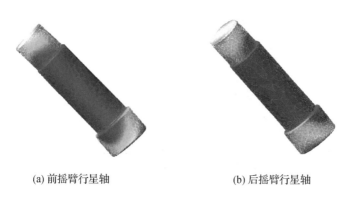

(a) 前摇臂行星轴   (b) 后摇臂行星轴

图 6.42 行星轴 200 倍变形图

    计算出相同条件下采用 A 型螺旋滚筒采煤机受到的瞬时载荷,并将载荷施加到前后滚筒质心后进行动力学仿真。根据仿真结果统计得到分别采用 A、B 型螺旋滚筒时的相关零件应力信息如表 6.2 所示。由表 6.2 可见,无论采用何种型号螺旋滚筒,各零件的最值节点所处区域位置变化不大,但采用 B 型螺旋滚筒后关键零件在稳定截割后的受力均小于采用 A 型螺旋滚筒时的受力,零件的受力状态得到明显改善。

表 6.2 相关零件应力信息统计

项目		最值节点	稳定后最值/MPa
A 滚筒前摇臂	壳体	19021	111.494
	行星架	23341	474.289

项目		最值节点	稳定后最值/MPa
A 滚筒前摇臂	行星轴 – 1	5071	611.131
	行星轴 – 2	4990	528.882
	行星轴 – 3	5132	495.882
A 滚筒后摇臂	壳体	19465	132.777
	行星架	24477	390.586
	行星轴 – 1	5022	364.419
	行星轴 – 2	5071	413.752
	行星轴 – 3	4990	362.500
B 滚筒前摇臂	壳体	19021	97.801
	行星架	23451	416.043
	行星轴 – 1	5022	536.080
	行星轴 – 2	4990	463.932
	行星轴 – 3	5071	434.984
B 滚筒后摇臂	壳体	19465	116.471
	行星架	23341	342.619
	行星轴 – 1	5132	319.666
	行星轴 – 2	5071	362.940
	行星轴 – 3	4990	317.982

6.4 采煤机振动特性分析

由螺旋滚筒截割性能、装煤性能及采煤机动力学分析可知，采用 B 型螺旋滚筒采煤机综合性能较好。为全面分析 B 型螺旋滚筒对采煤机动态特性的影响，将子结构模态综合法引入到采煤机振动特性分析中[184]。通过模态分析计算得到系统各阶模态频率及相应振型特征如表 6.3 所示，其中第 3 阶、第 4 阶模态振型如图 6.43 所示，前摇臂壳体变形主要集中在与牵引部连接耳处、截割电机安装腔体薄壁处以及摇臂壳体颈部；而后摇臂壳体的变形较小，主要表现为与牵引部连接耳处的扭转变形。

表 6.3　系统各阶模态频率及相应振型特征

阶数	频率/Hz	阻尼比	振型特征
1	38.04	0.015	采煤机振动较小，摇臂壳体耳部的振动相对较大
2	49.09	0.021	前摇臂绕其耳部的扭转以及后摇臂垂向产生弯曲
3	55.98	0.018	前摇臂垂向振动较为剧烈，后摇臂出现扭转弯曲
4	91.25	0.029	与第3阶模态振型相似，前摇臂的振动程度有所降低，后摇臂振动加剧
5	103.31	0.032	前后摇臂壳体颈部出现弯曲变形，后摇臂耳部出现扭转变形
6	133.04	0.021	整机振动幅度较小，趋于平稳

(a) 第3阶模态振型

(b) 第4阶模态振型

图 6.43　摇臂壳体主要振型特征

通过仿真得到前后滚筒质心三向加速度变化曲线及其数值统计如图 6.44 和表 6.4 所示。截割过程中由于受到非线性交变载荷的冲击，前后滚筒都出现了剧烈的振动，由于前滚筒截割厚度大于后滚筒，其受到的冲击明显大于后滚筒，使得前滚筒在 3 个方向上的振动程度都比后滚筒剧烈；前后滚筒振动的剧烈程度表现为 Y 向（垂直方向）＞X 向（垂直于工作面）＞Z 向（牵引方向），前后滚筒振动在加载时刻表现得最为明显，待稳定截割后逐渐趋于平缓，其中稳定截割后前后滚筒在垂直方向上的加速度有效值（RMS）仍然可达到 6036.0682 mm/s^2 和 4685.8011 mm/s^2。

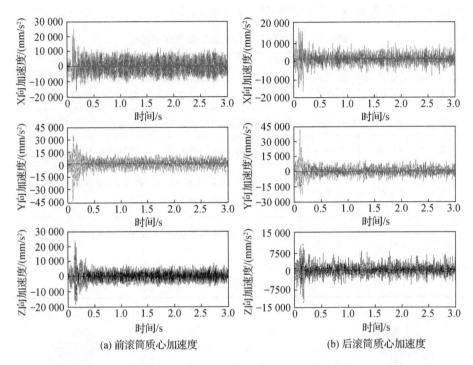

(a) 前滚筒质心加速度　　　　　　　　(b) 后滚筒质心加速度

图 6.44　滚筒质心加速度的变化

表 6.4　滚筒质心三向加速度的数据统计

方向		加速度响应/（mm/s²）		
		最大值（Max）	最小值（Min）	有效值（RMS）
前滚筒	X 向	24 922.969	− 16 339.997	5272.128
	Y 向	33 459.776	− 44 670.194	6036.068
	Z 向	23 843.968	− 18 743.804	3693.309
后滚筒	X 向	16 631.038	− 17 557.055	3066.662
	Y 向	41 819.288	− 23 484.231	4685.801
	Z 向	10 476.642	− 13 033.341	2187.774

　　由于前后滚筒垂向振动程度表现得最为剧烈，利用傅里叶变换对其垂向加速度时域内的响应曲线进行变换，得到滚筒垂向加速度功率谱如图 6.45所示。由图可见，滚筒的振动能量主要分布在 30 ~ 60 Hz 以及 80 ~ 120 Hz

两个频带之间，且采煤机形成了具有第3、第4阶模态振型特征的振动变形。

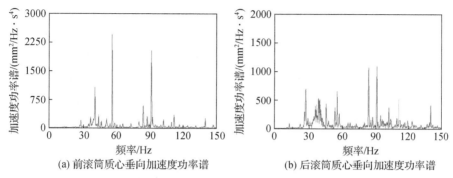

(a) 前滚筒质心垂向加速度功率谱　　　　(b) 后滚筒质心垂向加速度功率谱

图 6.45　滚筒质心垂向加速度功率谱

提取前后摇臂下耳和伸出端处 4 个测量点的垂向加速度如图 6.46、图 6.47 所示。

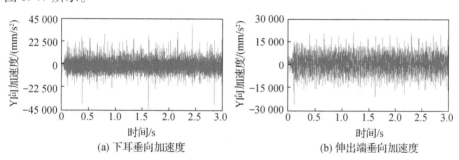

(a) 下耳垂向加速度　　　　　　　　(b) 伸出端垂向加速度

图 6.46　前摇臂壳体垂向加速度

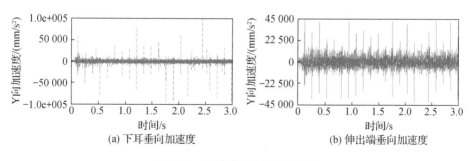

(a) 下耳垂向加速度　　　　　　　　(b) 伸出端垂向加速度

图 6.47　后摇臂壳体垂向加速度

由图可见，后摇臂测量点在整个截割过程中整体的振动幅度大于后摇臂，且加速度响应中出现突变的数量明显大于前摇臂测量点；前后摇臂壳体的振动最大处均位于壳体的伸出端，其中前后摇臂伸出端垂向加速度响应有效值分别为 5501. 6119 mm/s² 和 5623. 3202 mm/s²。

前后摇臂下耳和伸出端处的三向加速度响应数值统计如表 6.5 所示。由表 6.5 可见，测量点处振动较为剧烈的方向均为垂直方向，前后摇臂下耳在 X 向和 Z 向上的振动剧烈程度相差不大；而对于伸出端来说，其在 X 向上的振动明显较 Z 向剧烈。前后摇臂伸出端以及后摇臂下耳在 3 个方向上的振动剧烈程度均表现为 Y 向 > X 向 > Z 向，而前摇臂下耳在 3 个方向上的振动剧烈程度均表现为 Y 向 > Z 向 > X 向。

表 6.5　摇臂三向加速度的数据统计

测试点			加速度响应/（mm/s²）		
			最大值（Max）	最小值（Min）	有效值（RMS）
前摇臂	下耳	X 向	21 194. 5681	– 15 340. 6104	1615. 7643
		Y 向	38 943. 9404	– 43 190. 9733	5343. 3721
		Z 向	13 191. 8004	– 13 582. 8836	1893. 2712
	伸出端	X 向	24 491. 6490	– 16 629. 2888	4647. 5970
		Y 向	21 381. 9808	– 27 394. 5003	5501. 6119
		Z 向	17 215. 3358	– 20 129. 5929	1596. 2421
后摇臂	下耳	X 向	28 016. 8041	– 67 604. 0157	2581. 6539
		Y 向	99 898. 4216	– 92 823. 4008	4433. 0443
		Z 向	22 707. 0435	– 17 686. 9296	2015. 4909
	伸出端	X 向	24 375. 4889	– 19 175. 8752	2601. 7619
		Y 向	44 890. 2709	– 42 282. 1743	5623. 3202
		Z 向	24 458. 2951	– 21 764. 4436	1547. 1452

前后摇臂壳体下耳及伸出端处垂向加速度功率谱如图 6.48 所示。由图 6.48 可见，前摇臂在垂向上的振动主要是由第 3 阶模态中摇臂绕其耳部的扭转以及垂直于工作面的弯曲变形造成的，而冲击载荷经截割部传递到牵引部壳体产生非线性剧烈变化的扭矩是使下耳产生剧烈振动的主要原因；后摇臂壳体在垂向上的振动主要是由第 3 阶模态中摇臂绕其耳部的扭转以及摇臂壳体的垂向弯曲造成的。

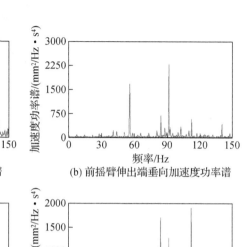

(a) 前摇臂下耳垂向加速度功率谱   (b) 前摇臂伸出端垂向加速度功率谱

(c) 后摇臂下耳垂向加速度功率谱   (d) 后摇臂伸出端垂向加速度功率谱

图 6.48 摇臂壳体垂向加速度功率谱

6.5 采煤机可靠性分析

经过上述分析，MG400/951-WD 型采煤机拟采用性能较好的 B 型螺旋滚筒。由于滚筒截割煤岩时产生的冲击载荷是决定采煤机是否可靠的关键性因素，对于该型采煤机来说，B 型螺旋滚筒的结构和运动参数已经固定，那么煤层的坚固性系数 f、采煤机的牵引速度 v_q 以及螺旋滚筒的截深 h 这 3 个因素不仅影响着螺旋滚筒的截割性能，而且影响着采煤机工作过程中的可靠性。为研究上述 3 个因素变化后滚筒所受载荷对采煤机可靠性的影响，采用正交试验的方法挑选具有代表性的工况来安排仿真方案，这样不仅能研究多因子对采煤机可靠性的影响，而且能通过有限的试验获取较精确的结果。对煤层的坚固性系数、采煤机的牵引速度以及螺旋滚筒的截深这 3 个因素选取 5 个因素水平，如表 6.6 所示。通过参考文献［185］选择相应的正交试验表，需要计算不同工况下的 25 组载荷样本，如图 6.49 所示。

表 6.6 多因素多水平正交试验

项目	坚固性系数	牵引速度/(m/min)	滚筒截深/mm
1	1.65	4	400
2	1.80	5	500
3	1.95	6	600
4	2.10	7	700
5	2.25	8	800

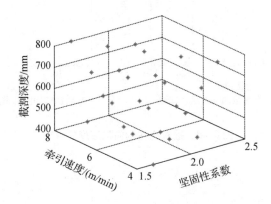

图 6.49 正交试验样本因素分布

根据零件材料的许用应力，可将零件应力与可靠度之间的映射关系通过式（6.11）所示的高斯型隶属度函数进行表示[186-187]，其隶属度函数 $\mu_s(x)$ 图像如图 6.50 所示。

$$Y_s = \mu_s(x) = \begin{cases} 1, & 0 < x_\sigma \leqslant a \\ \exp\left[-\frac{1}{2}\left(\frac{2(x-a)}{a}\right)^2 \right], & a < x_\sigma \leqslant c \end{cases} \quad (6.11)$$

式中：a、c 分别为对应零件的许用应力及屈服极限。

将 ADAMS 仿真得到的 25 组结果中的摇臂壳体、行星架以及行星轴的应力信息通过隶属度函数转化为相应的可靠度，如表 6.7 所示。由表可见，前摇臂行星轴最为薄弱，其后为前摇臂行星架、后摇臂行星轴和行星架，可靠度最高的为前后摇臂壳体。

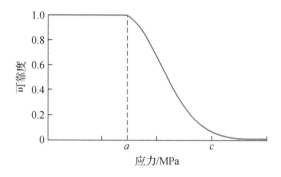

图 6.50 应力 – 可靠度隶属度函数

表 6.7 三因素五水平正交试验

序号	f 值	牵引速度/(m/min)	截深/mm	前摇臂			后摇臂		
				壳体	行星架	行星轴	壳体	行星架	行星轴
1	1.65	4	400	1.0000	1.0000	0.9954	1.0000	1.0000	1.0000
2	1.65	5	500	1.0000	0.9621	0.9624	1.0000	1.0000	1.0000
3	1.65	6	600	1.0000	0.9215	0.9167	1.0000	0.9617	0.9845
4	1.65	7	700	0.9673	0.8847	0.8792	1.0000	0.9248	0.9424
5	1.65	8	800	0.9373	0.8202	0.8146	1.0000	0.8964	0.8997
6	1.80	4	500	1.0000	1.0000	0.9763	1.0000	0.9871	0.9676
7	1.80	5	600	1.0000	0.9526	0.9334	1.0000	0.9664	0.9298
8	1.80	6	700	0.9474	0.9006	0.8796	1.0000	0.9283	0.9079
9	1.80	7	800	0.9368	0.8735	0.8566	1.0000	0.8026	0.8867
10	1.80	8	400	0.9421	0.8738	0.8689	1.0000	0.9026	0.8951
11	1.95	4	600	0.9986	0.9787	0.9438	1.0000	0.9661	0.9584
12	1.95	5	700	0.9426	0.8928	0.8656	1.0000	0.9278	0.8954
13	1.95	6	800	0.9024	0.8225	0.7548	1.0000	0.8964	0.8567
14	1.95	7	400	1.0000	0.9423	0.8908	1.0000	0.9406	0.9038
15	1.95	8	500	0.9587	0.9154	0.8751	1.0000	0.9521	0.9097
16	2.10	4	700	0.9842	0.9057	0.8971	1.0000	0.9176	0.8909
17	2.10	5	800	0.9102	0.8732	0.8405	1.0000	0.8523	0.8201

续表

序号	f值	牵引速度/ (m/min)	截深/ mm	前摇臂			后摇臂		
				壳体	行星架	行星轴	壳体	行星架	行星轴
18	2.10	6	400	0.9706	0.9026	0.8641	1.000	0.9351	0.9043
19	2.10	7	500	0.9006	0.8304	0.8009	1.0000	0.8827	0.8672
20	2.10	8	600	0.8216	0.7558	0.7354	0.9985	0.8345	0.7908
21	2.25	4	800	0.9754	0.8788	0.8334	1.0000	0.9386	0.9007
22	2.25	5	400	0.9904	0.9056	0.8464	1.0000	0.9444	0.9064
23	2.25	6	500	0.9034	0.8531	0.7881	1.0000	0.8764	0.8333
24	2.25	7	600	0.8767	0.7936	0.7557	0.9405	0.8201	0.7212
25	2.25	8	700	0.7995	0.7004	0.6456	0.8225	0.7334	0.6798

根据试验结果，以前摇臂壳体和行星轴为例，对其可靠度在坚固性系数、截割深度、牵引速度在五水平条件下的平均数据进行统计，得到两者可靠度的变化规律如图 6.51、图 6.52 所示。

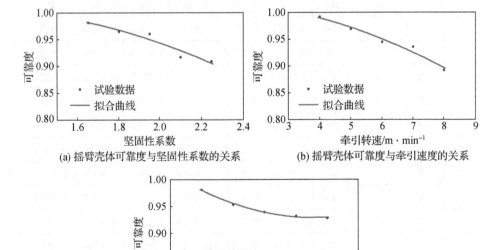

(a) 摇臂壳体可靠度与坚固性系数的关系

(b) 摇臂壳体可靠度与牵引速度的关系

(c) 摇臂壳体可靠度与截割深度的关系

图 6.51　前摇臂壳体可靠度变化规律

随着各因素水平的增大，摇臂壳体和行星轴的可靠度均呈现出降低的趋势，其中摇臂壳体随着煤岩坚固性系数的增大、牵引速度的加快，其可靠度降低较为明显；随着截割深度的增大，其可靠度降低的幅度趋于平缓。行星轴可靠度与煤岩坚固性系数之间的关系与摇臂壳体相似，但其可靠度随牵引速度和截割深度的增大呈现较为明显的线性降低趋势。

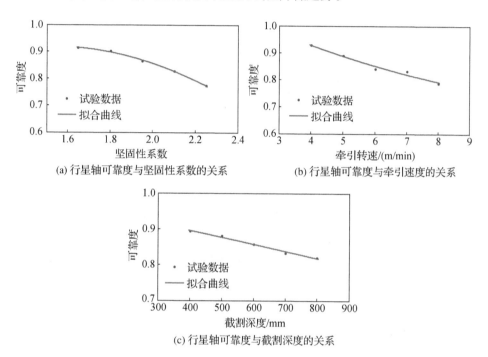

图 6.52　前摇臂壳体行星轴可靠度变化规律

为研究不同煤层条件下采煤机的可靠性与牵引速度以及滚筒截割深度之间的关系，利用文献 [188-189] 提出的神经网络预测方法，以本次 25 组仿真结果为神经网络学习样本，在保证采煤机主要结构件可靠的前提下，改变煤层的坚固性系数、滚筒截割深度以及采煤机牵引速度的大小，预测得到牵引速度与煤岩坚固性系数之间的关系如图 6.53 所示。由图可见，对某一采煤工作面，为保证采煤机关键结构件的可靠性，当螺旋滚筒的截割深度增加时，采煤机的牵引速度应是递减的，且递减具有非线性。

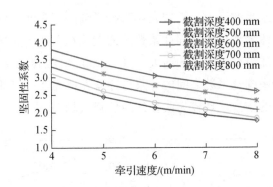

图 6.53 牵引速度与煤岩坚固性系数之间的关系

6.6 采煤机工业性试验

根据对两种型号螺旋滚筒在截割性能、装煤性能以及对采煤机动态可靠性影响等方面的综合比较，该型采煤机最终采用 B 型螺旋滚筒与其配套。该采煤机定型生产后在某煤矿进行井下工业性试验，试验采用走向长壁一次采全高法，截煤高度为 1.2 ~ 1.5 m。试验期间采煤机的平均牵引速度约为 5.5 m/min，在截割纯煤时的最高牵引速度可达 7.25 m/min，与分析结果基本一致（最大误差约为 3.86%）。当降低采煤机牵引速度时，螺旋滚筒能够对煤层中的夹矸、硫化铁硬结核体和厚度为 500 mm 以内的底板岩石实现有效截割，如图 6.54 所示。

该型采煤机采用过桥式布置形式，使得机面高度得到有效降低，进而增大了过煤空间，有利于滚筒装煤能力的提升。根据对采煤机一次截割工作面长度的落煤量和刮板输送机运煤量的统计，如图 6.55 所示，得到该采煤机螺旋滚筒的装煤率约为 68%；通过离散元数值模拟得到该滚筒在截割过程中的装煤率约为 71%，试验与模拟得到的装煤率误差为 4.4%，造成误差的原因主要是由于数值模拟统计装煤率时没有考虑刮板输送机与煤壁之间的颗粒不能完全被运出，导致滚筒装煤率计算偏高。

根据采煤机动态特性仿真结果，煤机厂对摇臂壳体、行星架及行星轴中存在应力集中的位置进行了适当处理以提高其可靠性。该型采煤机在工业性试验期间，在截割顶底板以及含包裹体煤层时，采用降低截割深度的方法进行截割，此时摇臂及机体振动较小，设备能够平稳运行；当截割纯煤时，在

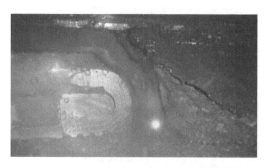

(a) 截割全煤及其工况参数

(b) 截割底板及其工况参数

图 6.54 采煤机井下工作状态

(a) 浮煤残留   (b) 输送机装煤

图 6.55 浮煤残留以及输送机装煤统计

大截割深度、高牵引速度条件下采煤机仍能安全可靠地进行生产作业，如图 6.56 所示。工业性试验期间，该采煤机除导向滑靴出现磨损较快以外，其他结构正常，整机具有良好的结构性能和使用可靠性。

图 6.56　采煤机井下工业性试验

6.7　本章小结

为研究螺旋滚筒所受载荷对采煤机动态特性的影响，本章利用编制的采煤机工作机构优化设计及载荷计算软件计算出某一工况下前后滚筒受到的三向力和三向力矩，并将其施加到采煤机刚柔耦合模型，仿真得到前后摇臂壳体、行星架以及行星轴在截割过程中的动应力分布；采用高斯型隶属度函数构建应力－可靠度隶属度函数，通过正交试验分析了煤层坚固性系数、采煤机牵引速度以及螺旋滚筒截割深度 3 个因素对采煤机可靠性的影响；以测试点加速度为依据，判断出其与结构模态振动的相关性。研究结果表明：对采用采煤机工作机构优化设计及载荷计算软件、Pro/E、ANSYS、ADAMS 联合构建的采煤机刚柔耦合模型进行动力学仿真，能够快速对采煤机动态可靠性进行分析和预测，同时分析结果也为螺旋滚筒的结构改进提供了明确的依据，对工程实践具有较强的指导意义。

7 结论与展望

7.1 结论

由于薄煤层赋存条件复杂、工作环境恶劣，研究不同因素影响下螺旋滚筒的工作特性，对于螺旋滚筒优化设计，提高螺旋滚筒截割性能、装煤性能以及提高采煤机工作可靠性都具有重要意义。为此，本书根据目前螺旋滚筒工作特性的研究现状，对薄煤层采煤机螺旋滚筒的截割性能、装煤性能以及螺旋滚筒所受载荷对采煤机动态可靠性的影响进行了研究，开展的主要研究工作及取得的主要结论如下：

①通过对螺旋滚筒破煤过程的有限元数值模拟，得到了螺旋滚筒载荷的时间历程曲线和截齿的应力分布情况。在截齿与煤岩的接触处将产生很高的应力，并集中在很小的范围内，主要体现在硬质合金头顶端，且呈现不对称分布趋势。同一截线上的截齿载荷相关性不大，同一截线上截齿受力是相互独立的；煤岩体破煤过程并不是连续的，而是呈现不规则的周期性，这种周期性的变化是滚筒冲击载荷的主要来源，若煤层中夹杂有包裹体，滚筒载荷受到的冲击会更加明显。

②利用 MATLAB 和 VB 编制采煤机工作机构优化设计及载荷计算软件，通过该软件对不同因素影响下螺旋滚筒的截割性能进行了分析。研究发现：随着煤岩截割阻抗的增加，螺旋滚筒受到的冲击载荷也会明显增大，当滚筒截割含有包裹体或夹矸煤层时，由于截割对象性质的突变将会导致滚筒所受载荷出现较大波动；螺旋叶片升角在 6°~24° 范围内变化时，螺旋滚筒截割阻力矩、截割比能耗以及截割功率等随着螺旋叶片升角的增大而呈现出抛物线式的变化；棋盘式和混合 I 式排列滚筒受到的负载小于混合 II 式和顺序式排列滚筒，但其在截割过程中负载波动明显高于后两者；滚筒转速越高，截割阻力矩相对于牵引速度的变化范围越小，此时变速牵引时滚筒的截割功率相对稳定。

③基于离散单元法对螺旋滚筒装煤过程进行数值模拟，找出了螺旋滚筒结构及运动参数对螺旋滚筒装煤性能以及装煤过程中煤流运动分布的影响。研究发现：滚筒包络区域内煤炭颗粒沿牵引速度反向和滚筒轴向上的速度大于垂向速度；螺旋叶片升角由 10°增大到 22°时，滚筒装煤率呈现出先增大后减小的变化规律，随着牵引速度和截割深度的增大，滚筒装煤率呈现出线性减小的趋势；影响螺旋滚筒装煤率因素中截割深度所占的权重最大，牵引速度和螺旋叶片升角次之，滚筒转速对装煤率的影响最不显著。

④通过对 MG400/951-WD 采煤机动态特性进行研究，分析了螺旋滚筒负载对薄煤层采煤机整机动态特性的影响。研究表明：后滚筒所受负载波动高于前滚筒导致加载瞬间关键零件的受力高于后摇臂，而截割稳定后前摇臂关键零件受力大小约为后摇臂关键零件受力的 2 倍；通过多因素正交试验发现在螺旋滚筒受到交变载荷作用下行星轴可靠度最低、行星架次之、摇臂壳体可靠度最高；前后摇臂在垂直方向上的振动最为剧烈，摇臂壳体主要表现出绕耳部的扭转以和垂向的弯曲变形。

⑤通过对螺旋滚筒工作特性分析发现螺旋叶片升角、滚筒旋向、滚筒转速、截割深度以及采煤机牵引速度等参数对滚筒截割性能、装煤性能的影响较大。采煤机在工作过程中，螺旋滚筒采用"前逆后顺"方式进行截割作业可降低螺旋滚筒的受力，提高螺旋滚筒的装煤效率；综合考虑采煤机工作过程中的动态可靠性，提高滚筒转速以及在保证生产效率的前提下适当降低采煤机牵引速度，不仅能有效增强螺旋滚筒的截割能力、提高螺旋滚筒的装煤能力，而且对于提高采煤机的工作稳定性也有重要作用。

⑥根据某矿煤样的煤岩物理机械性质测定结果，对设计出的 A、B 两型螺旋滚筒综合性能进行分析；将 MG400/951-WD 型采煤机工业性试验测试结果与理论计算、数值模拟结果进行比较。研究结果表明：改进后的 B 型螺旋滚筒具有良好的截割性能和装煤性能，该型螺旋滚筒与采煤机配套后的最大牵引速度约为 7.53 m/min、装煤率稳定在 71% 左右，且采煤机工作过程中的稳定性及可靠性较高；分析结果与工业性试验数据基本一致，证明了研究方法的正确性与可行性。

7.2 展望

由于时间所限，研究工作尚有不足之处，对采煤机调高过程中截齿受力状态、关键零部件的动应力分布及整机的动态特性，可在现有基础上开展进一步研究；同时可对不同煤、岩样进行物理机械性质测定，建立不同赋存条件的离散元煤壁模型，通过数值模拟获取不同工况下螺旋滚筒的受力信息，将离散元模拟与动力学仿真进行耦合更能反映出采煤机的实际工作状态。

参考文献

[1] 吴达. 我国煤炭产业供给侧改革与发展路径研究 [D]. 北京：中国地质大学（北京），2016：2 - 10.

[2] 朱超，史志斌. 煤炭绿色智能开发利用战略选择 [J]. 煤炭经济研究，2017，37（2）：6 - 16.

[3] 丛威. 我国煤炭产能调控动力机制及模式研究 [D]. 北京：中国矿业大学，2013：2 - 14.

[4] 田震. 薄煤层采煤机振动特性研究 [D]. 阜新：辽宁工程技术大学，2012：1 - 10.

[5] 霍丙杰. 复杂难采煤层评价方法与开采技术研究 [D]. 阜新：辽宁工程技术大学，2010：2 - 15.

[6] 刘长海，徐宏兴，王大宇. 大功率电牵引采煤机的发展概况及趋势 [J]. 煤矿机械，2010，31（8）：7 - 10.

[7] 范生春. 滚筒采煤机薄煤层自动化开采技术的运用 [J]. 山东煤炭科技，2015（12）：64 - 65.

[8] 葛红兵. 大功率采煤机的应用及技术发展展望 [J]. 煤矿开采，2010（1）：4 - 7.

[9] 黄温钢，王作棠，许豫. 中国残留煤资源分布特征研究 [J]. 中国矿业，2015，24（10）：4 - 9.

[10] 徐国强. 历久弥坚 艾柯夫 SL1000 型双截割滚筒采煤机 [J]. 矿业装备，2013（8）：70 - 71.

[11] 姜敬，邢金川. 7LS7 型采煤机先导回路的改进及效果 [J]. 煤矿机电，2009（6）：97 - 98.

[12] 张武东，冯振忠，张建荣. 浅析薄煤层采煤机现状及发展方向 [J]. 矿山机械，2011（2）：23 - 26.

[13] 田震，高珊，荆双喜，等. 采煤机截割部行星减速器可靠性分析 [J]. 工矿自动化，2019，45（5）：46 - 50.

[14] 孟凡英，郭俊杰，冯宪琴. 基于计算机模拟技术的采煤机滚筒螺旋叶片布置对装煤效率影响分析 [J]. 煤矿机械，2014，35（9）：244 - 246.

[15] 保晋 3 E，乜拉麦德 3 B，顿 B B. 采煤机破煤理论 [M]. 王庆康，门迎春，译. 北京：煤炭工业出版社，1992.

［16］ EVANS I. The force required to cut coal with blunt wedges ［J］. International journal of rock mechanics and mining science, 1965（2）: 1 – 12.

［17］ EVANS I. A theory of the cutting force for point-attack picks ［J］. International journal of rock mechanics and mining science, 1984, 2（1）: 67 – 71.

［18］ MURO T, TAKEGAKI Y, YOSHIKAWA K. Impact cutting property of rock material using a point attack bit ［J］. Journal of terramechanics, 1997, 34（2）: 83 – 108.

［19］ DOLIPSKI M, JASZCZUK M, CHELUSZKA P, et al. Computer-aided determination of dynamic loads in a longwall shearer's cutting system ［C］//Computer Applications in the Minerals Industries, 2001: 413 – 416.

［20］ JASZCZUK M. Efficiency analysis of the drum shearer loading process ［J］. Glueckauf for-schungshefte, 2001, 62（3）: 108 – 110.

［21］ TIRYAKI B, AYHAN M, HEKIMOLU Z O. A new computer program for cutting head design of roadheaders and drum shearers ［C］//17th International Mining Congress and Exhibition of Turkey, 2001: 655 – 662.

［22］ LOUI P J, RAO KARANAM M U. Heat transfer simulation in drag-pick cutting of rocks ［J］. Tunnelling and underground space technology, 2005（20）: 263 – 270.

［23］ GAJEWSKI J, JONA J. Towards the identification of worn picks on cutterdrums based on torque and power signals using Artificial Neural Networks ［J］. Tunnelling and under-ground space technology, 2011（26）: 22 – 28.

［24］ SU O, AKCIN A N. Numerical simulation of rock cutting using the discrete element meth-od ［J］. International journal of rock mechanics & mining sciences, 2011, 48（3）: 434 – 442.

［25］ BAKAR A, ZUBAIR M. Evaluation of saturation effects on drag pick cutting of a brittle-sandstone from full scale linear cutting tests ［J］. Tunnelling & underground space tech-nology, 2013, 34（1）: 124 – 234.

［26］ VAN WYK G, ELS D N J, AKDOGAN G, et al. Discrete element simulation of tribolog-ical interactions in rock cutting ［J］. International journal of rock mechanics & mining sci-ences, 2014, 65（1）: 8 – 19.

［27］ REID A W, MCAREE P R, MEEHAN P A, et al. Longwall shearer cutting force esti-mation ［J］. Journal of dynamic systems, measurement, and control, 2014, 136（3）: 1834 – 1893.

［28］ DEWANGAN S, CHATTOPADHYAYA S. Critical damage analysis of WC-Co tip of coni-cal pick due to coal excavation in mines ［J］. Advances in materials science and engineer-ing, 2015（24）: 1 – 17.

［29］ 李跃进. 截齿负荷作为随机过程的模拟 ［J］. 阜新矿业学院学报, 1986（2）:

120 - 124.

[30] 李跃进. 螺旋滚筒平均负荷的模拟研究 [J]. 煤矿机电, 1986 (2)：8 - 12.

[31] 牛东民. 采煤机截齿排列方式的改进与分析 [J]. 煤矿机电, 1987 (1)：2 - 5, 64.

[32] 陶驰东, 陈翀. 采煤机滚筒模化实验研究 [J]. 中国矿业大学学报, 1989 (1)：54 - 61.

[33] 姚玉君, 张金波, 林贵瑜, 等. 采煤机螺旋滚筒随机负荷的模拟 [J]. 阜新矿业学院学报 (自然科学版), 1994 (1)：71 - 74.

[34] 李晓豁, 李贵轩, 郑连宏. 截割性能的试验研究 [J]. 阜新矿业学院学报 (自然科学版), 1995 (3)：78 - 83.

[35] 蔡大文, 李明. 采煤机截齿的三维应力分析 [J]. 陕西煤炭技术, 1995 (2)：36 - 38.

[36] 王启龙, 陆兵, 张欣, 等. 采煤机螺旋滚筒的研究 [J]. 煤炭技术, 1999 (3)：6 - 8.

[37] 韩振铎, 徐爱民, 刘玉宝, 等. 采煤机滚筒载荷谱的计算机模拟 [J]. 矿山机械, 2000 (3)：22 - 23.

[38] 王春华, 姚保恒, 李贵轩, 等. 采煤机截齿截割煤岩的实验研究 [J]. 矿山机械, 2001 (12)：13 - 14.

[39] 王春华, 康小敏, 张平. 煤岩截割中的变形破坏局部化实验研究 [J]. 煤矿开采, 2002 (2)：6 - 7.

[40] 王春华, 李贵轩, 王琦. 截齿截割的能耗与块度问题实验研究 [J]. 辽宁工程技术大学学报 (自然科学版), 2002, 21 (2)：238 - 239.

[41] 刘春生, 闫晓林. 国内大功率自动化电牵引采煤机的现状和发展 [J]. 煤矿机电, 2003 (5)：39 - 42.

[42] 刘春生, 杨秋, 李春华. 采煤机滚筒记忆程控截割的模糊控制系统仿真 [J]. 煤炭学报, 2008, 33 (7)：822 - 825.

[43] 刘春生. 滚筒式采煤机记忆截割的数学原理 [J]. 黑龙江科技学院学报, 2010, 20 (2)：85 - 90.

[44] 刘春生, 戴淑芝. 双滚筒式采煤机整机力学模型与解算方法 [J]. 黑龙江科技学院学报, 2012, 22 (1)：33 - 38.

[45] 刘送永, 杜长龙, 崔新霞. 滚筒式采煤机滚筒载荷谱的模拟分析与研究 [J]. 山东科技大学学报 (自然科学版), 2008, 27 (1)：11 - 13.

[46] LIU S Y, DU C L, CUI X X, et al. Model test of the cutting properties of a shearer drum [J]. International journal of mining science and technology, 2009, 19 (1)：74 - 78.

[47] 刘送永, 杜长龙, 崔新霞. 采煤机滚筒截齿排列的试验研究 [J]. 中南大学学报

（自然科学版），2009，40（5）：1281 – 1287.

［48］ LIU S Y, Du C L, CUI X X, et al. Research on the cutting force of a pick ［J］. International journal of mining science and technology, 2009, 19（4）：514 – 517.

［49］ 姬国强，廉自生，卢绰. 基于 LS-DYNA 的镐型截齿截割力模拟 ［J］. 科学之友（B 版），2008（4）：131 – 132.

［50］ 董瑞春. 采煤机螺旋滚筒煤岩石截割的数值模拟技术研究 ［D］. 阜新：辽宁工程技术大学，2012：1 – 10.

［51］ 陈颖. 采煤机负载特性及其对截割部可靠性影响研究 ［D］. 阜新：辽宁工程技术大学，2010：5 – 20.

［52］ 赵丽娟，何景强，许军，等. 截齿排列方式对薄煤层采煤机载荷的影响 ［J］. 煤炭学报，2011，36（8）：1401 – 1406.

［53］ 陆辉，王义亮，杨兆建. 采煤机镐形截齿疲劳寿命分析及优化 ［J］. 煤炭科学技术，2013，41（7）：100 – 102.

［54］ 罗晨旭. 滚筒采煤机开采含煤岩界面煤层截割特性研究 ［D］. 徐州：中国矿业大学，2015：25 – 50.

［55］ 刘春生，李德根. 基于单齿截割试验条件的截割阻力数学模型 ［J］. 煤炭学报，2011，36（6）：1565 – 1569.

［56］ 符国权. 滚筒式采煤机的技术水平和发展动向 ［J］. 煤炭科学技术，1979（2）：61 – 63.

［57］ BROOKER M C. Theoretical and practical aspects of cutting and loading by shearer drums ［J］. Colliery guardian, 1979（1）：9 – 16.

［58］ 陆曾亮. 采煤机滚筒装煤问题研究（上）［J］. 煤矿机械与电气，1981（3）：1 – 4.

［59］ 陆增亮. 采煤机滚筒装煤问题研究（下）［J］. 煤矿机械与电气，1981（4）：1 – 8.

［60］ MORRIS C J. The design of shearer drums with the aid of a computer ［J］. The mining engineer, 1980（9）：289 – 295.

［61］ LUDLOW J, JANKOWSKI A R. Use lower shearer drum speed to achieve deeper coal cutting ［J］. Mining engineering, 1984（36）：251 – 255.

［62］ HURT K G, MCSTRAVICK G F. High performance shearer drum design ［J］. Colliery guardian, 1988（236）：425 – 429.

［63］ AYHAN M. Investigation into the cutting and loading performance of drum shearers in OAL Mine ［D］. Ankara: Hacettepe, University, 1994.

［64］ AYHAN M, EYYUBOGLU M E. Comparison of globoid and cylindrical shearer drums' loading performance ［J］. Journal of the South African Institute of Mining and Metallurgy, 2006, 106（1）：51 – 56.

［65］ 张守柱. 采煤机滚筒转数及直径的探讨 ［J］. 煤矿机械与电气，1982（6）：

13 – 17.

[66] 程东棠，尹慧敏. 采煤机滚筒装煤极限转速的探讨 [J]. 阜新矿业学院学报，
1988，7（3）：28 – 34，46.

[67] 胡应曦，刘真祥. 采煤机滚筒参数优选 [J]. 煤矿机械，1988（6）：26 – 31.

[68] 李俊海，尹惠敏. 采煤机截煤滚筒旋叶升角的无因次分析 [J]. 阜新矿业学院学报
（自然科学版），1990，9（2）：71 – 76.

[69] 雷玉勇，秦文学，高天林. 端面截割小直径滚筒装煤效率的研究 [J]. 煤矿机电，
1991（4）：24 – 28.

[70] 王传礼. 采煤机新型螺旋滚筒装煤性能最优参数的选择 [J]. 煤矿机械，1996
（5）：14 – 16.

[71] 刘庆云，闫海峰. 采煤螺旋滚筒的对称系数设计法 [J]. 中国矿业大学学报，
1997，26（4）：95 – 98.

[72] 吕宝占，李晋，李娟. 模糊理论在采煤机螺旋滚筒结构参数优化设计中的应用
[J]. 煤矿机电，2002（4）：17 – 20.

[73] 张囡，黄成，侯光军. 新型倾斜螺旋叶片滚筒 [J]. 煤矿机械，2002（8）：
49 – 50.

[74] 王德春. 采煤机与输送机配套应注意的问题 [J]. 煤炭技术，2006，25（3）：20.

[75] 陶嵘，孙燎原，王彦英. 采煤机螺旋滚筒的参数化设计 [J]. 煤矿机电，2007
（1）：23 – 26.

[76] 刘春生，赵宏梅. 叶片轴向倾斜的螺旋滚筒装煤机理和能力 [J]. 黑龙江科技学院
学报，2007，17（1）：15 – 18.

[77] 赵宏梅，杨格，苏丹. 采煤机螺旋滚筒模型试验方法的分析 [J]. 煤矿机械，
2008，29（12）：67 – 69.

[78] 李宁宁，李建平，宋静，等. 滚筒式采煤机装煤效果分析及参数优化 [J]. 煤矿机
械，2009，30（1）：12 – 14.

[79] 李宁宁，杜长龙，李建平，等. 基于装煤性能的采煤机滚筒参数优化 [J]. 矿山机
械，2009，37（11）：4 – 6.

[80] 佟海龙，尹力，金全，等. 基于偏最小二乘方法的采煤机螺旋滚筒装煤效果研究
[J]. 煤矿机械，2011，32（11）：86 – 88.

[81] LIU S Y，DU C L，ZHANG J J，et al. Parameters analysis of shearer drum loading per-
formance [J]. International journal of mining science and technology，2011，21（5）：
621 – 624.

[82] 高魁东. 薄煤层滚筒采煤机装煤性能研究 [D]. 徐州：中国矿业大学，2014：
1 – 10.

[83] 赵武，张洪雷，陆冬，等. 提高薄煤层采煤机装煤效果的措施 [J]. 煤矿机械，

2015, 36 (6): 204 – 207.

[84] CECIL J, KANCHANAPIBOON A. Virtual engineering approaches in product and process design [J]. International journal of advanced manufacturing technology, 2007 (31): 846 – 856.

[85] TIRYAKI B. Computer simulation of cutting efficiency and cutting vibrations in drum shearer loaders [J]. Yerbilimleri/earth sciences, 2000, 22 (22): 247 – 259.

[86] DOLIPSKI M, JASZCZUK M. A new method for determining specific energy consumption of a shearer [J]. Mechanizacja i automatyzacja gornictwa, 2000, 354 (12): 167 – 172.

[87] ANTONIAK J, TANNENBERG G. Exploitation cutting haulage speeds of a drum shearer estimated with computer methods [J]. Zeszyty naukowe górnictwo, 2003 (257): 283 – 293.

[88] MUSTAFA E, BOLUKBASI N E. Effects of circumferential pick spacing on boom type roadheader cutting head performance [J]. Tunnelling and underground space technology, 2005 (20): 418 – 425.

[89] SEYED H H, MOHAMMAD A, REZA K, et al. Reliability and maintainability analysis of electrical system of drum shearers [J]. Journal of coal science and engineering, 2011, 17 (2): 192 – 197.

[90] HOSEINIE H S, ATAEI M, KHALOKAKAIE R, et al. Reliability analysis of drum shearer machine at mechanized longwall mines [J]. Journal of quality in maintenance engineering, 2012, 18 (1): 98 – 119.

[91] 李明, 薛河. 用模态综合技术分析采煤机摇臂的动态特性 [J]. 西安矿业学院学报, 1995, 15 (1): 32 – 34.

[92] 廉自生, 李铁军. 采煤机牵引部传动系统扭振分析 [J]. 太原理工大学学报, 2005, 36 (3): 323 – 325.

[93] 焦丽, 李晓豁, 姚继权. 双滚筒采煤机动力学分析及力学模型建立 [J]. 辽宁工程技术大学学报, 2007, 26 (4): 602 – 603.

[94] 刘旭南. 掘进机动态可靠性及其关键技术研究 [D]. 阜新: 辽宁工程技术大学, 2014.

[95] 吴彦. 国产大功率采煤机摇臂 CAE 分析 [J]. 煤矿机电, 2003 (5): 105 – 108.

[96] 向虎. 采煤机调高系统的虚拟样机仿真 [J]. 煤矿机械, 2006, 27 (12): 27 – 29.

[97] LIAN Z S, LIU K A. Virtual prototype of shearer ranging arm and its dynamics analysis [J]. Journal of the China coal society, 2005, 30 (6): 801 – 804.

[98] 廉自生, 刘楷安. 采煤机摇臂虚拟样机及其动力学分析 [J]. 煤炭学报, 2005, 30 (6): 801 – 804.

［99］ 纪玉祥，张志鸿．基于虚拟样机技术的采煤机仿真［J］．现代制造工程，2008（3）：47-49．

［100］ 邵俊杰．采煤机数字化建模与关键零部件有限元分析［D］．西安：西安科技大学，2009．

［101］ 赵丽娟，张农海，安亚君．含硫化铁结核的薄煤层采煤机行星架可靠性研究［J］．制造业自动化，2008，30（10）：117-120．

［102］ 赵丽娟，马永志．基于多体动力学的采煤机截割部可靠性研究［J］．煤炭学报，2009，34（9）：1271-1275．

［103］ 赵丽娟，刘旭南，吕铁亮．基于虚拟样机技术的采煤机截割部可靠性研究［J］．广西大学学报（自然科学版），2010，35（5）：738-746．

［104］ 赵丽娟，屈岳雷，谢波．薄煤层采煤机摇臂壳体的瞬态动力学分析［J］．现代制造技术与装备，2008（6）：58-60．

［105］ 郭冬梅．采煤机牵引部调速系统研究与关键零件的优化［D］．阜新：辽宁工程技术大学，2010．

［106］ 赵丽娟，马联伟．薄煤层采煤机可靠性分析与疲劳寿命预测［J］．煤炭学报，2013，38（7）：1287-1292．

［107］ 何景强．某型矿车铰接轴断裂失效分析及改进［J］．制造业自动化，2015，37（7）：107-109．

［108］ 王铜．基于虚拟样机技术的掘进机截割部建模与动态分析［D］．阜新：辽宁工程技术大学，2010．

［109］ 赵丽娟，周宇．基于 ANSYS/LS_ DYNA 的薄煤层采煤机扭矩轴动力学接触分析［J］．煤矿机械，2009，30（4）：68-70．

［110］ 赵丽娟，马永志．刚柔耦合系统建模与仿真关键技术研究［J］．计算机工程与应用，2010，46（2）：243-248．

［111］ 马联伟．薄煤层采煤机可靠性与疲劳寿命研究［D］．阜新：辽宁工程技术大学，2013．

［112］ 赵丽娟，陈鹏，宋朋．采煤机截割部振动特性分析及传动系统优化［J］．机械传动，2015，39（1）：131-134

［113］ 田震，高珊，李晋，等．采煤机振动特性研究［J］．制造业自动化，2019，41（4）：30-35．

［114］ 赵丽娟，马联伟．薄煤层采煤机可靠性分析与疲劳寿命预测［J］．煤炭学报，2013，38（7）：1287-1292．

［115］ 田震，赵丽娟，高珊，等．刨煤机刨刀及牵引块的强度分析［J］．煤矿机械，2019，40（2）：76-79．

［116］ CUNDALL P A. The measurement and analysis of acceleration in rock slopes［D］. London: Imperial college of Science and Technology, 1971.

[117] CUNDALL P A, STRACK O D L. The distinct element method as a tool for research in granular media. Part II [R]. Minnesota: University of Minnesota, 1979.

[118] CUNDALL P A, Strack O D L. A discrete numerical model for granular assembles [J]. Geotechnique, 1979, 29 (1): 47 – 65.

[119] SOULEY M, HOMAND F. Stability of jointed rock masses evaluated by UDEC with an extended Saeb-Amadei constitutive law [J]. International journal of rock mechanics & mining sciences, 1996, 33 (3): 233 – 234.

[120] SOULEY M, HOMAND F, THORAVAL A. The effect of joint constitutive laws on the modelling of an underground excavation and comparison with in situ measurements [J]. International journal of rock mechanics and mining sciences, 1997, 34 (1): 97 – 115.

[121] LANGSTON P A. Microstructural simulation and imaging of granular flows in two- and three-dimensional hoppers [J]. Powder technology, 1997, 94 (1): 59 – 72.

[122] CLEARY P W. Predicting charge motion, power draw, segregation and wear in ball mills using discrete element methods [J]. Minerals engineering, 1998, 11 (11): 1061 – 1080.

[123] CLEARY P W. DEM simulation of industrial particle flows: case studies of dragline excavators, mixing in tumblers and centrifugal mills [J]. Powder technology, 2000, 109 (1): 83 – 104.

[124] VAN NIEROP M A. A discrete element method investigation of the charge motion and power draw of an experimental two-dimensional mill [J]. International journal of mineral processing, 2001, 61 (2): 77 – 92.

[125] SHIMIZU Y, CUNDALL P A. Three-dimensional DEM simulations of bulk handling by screw conveyors [J]. Journal of engineering mechanics, 2001, 127 (9): 864 – 872.

[126] CLEARY P W. Large scale industrial DEM modelling [J]. Engineering computations: international journal for computer-aided engineering, 2004, 21 (2): 169 – 204.

[127] CLEARY P W. Industrial particle flow modelling using discrete element method [J]. Engineering computations, 2009, 26 (6): 698 – 743.

[128] COETZEE C, ELS D. Calibration of discrete element parameters and the modelling of silo discharge and bucket filling [J]. Computers and electronics in agriculture, 2009, 65 (2): 198 – 212.

[129] COETZEE C, ELS D, DYMOND G. Discrete element parameter calibration and the modelling of dragline bucket filling [J]. Journal of terramechanics, 2010, 47 (1): 33 – 44.

[130] SHIMOSAKA A, AKASHI M, MATSUMOTO H, et al. DEM simulation for irregular particles using the equivalent rolling friction coefficient [J]. Kagaku kogaku ronbunshu, 2010, 36 (2): 86 – 93.

[131] FERNANDEZ J W, CLEARY P W, MCBRIDE W. Effect of screw design on hopper drawdown of spherical particles in a horizontal screw feeder [J]. Chemical engineering science, 2011, 66 (22): 5585 – 5601.

[132] GALINDO-TORRES A S, PEDROSO M D, WILLIAMS J D, et al. Strength of non-spherical particles with anisotropic geometries under triaxial and shearing loading configurations [J]. Granular matter, 2013, 15 (5): 531 – 542.

[133] NICHOLAS J B, CHEN J F, OOI Y J. A rigorous bond model for DEM simulation of cemented particulates and deformable structures [J]. Granular matter, 2014, 16 (3): 299 – 311.

[134] MECHTCHERINE V, GRAM A, KRENZER K, et al. Simulation of fresh concrete flow using Discrete Element Method (DEM): theory and applications [J]. Materials and structures, 2014, 47 (7): 615 – 630.

[135] 王泳嘉, 刘兴国. 放矿的数值模拟 [J]. 有色金属, 1981, 33 (1): 30 – 34.

[136] 王泳嘉. 边界元法在岩石力学中的应用 [J]. 岩石力学与工程学报, 1986 (2): 205 – 222.

[137] 戴庆, 童光煦. 自然崩落法放矿过程中底部结构的受力分析 – 离散元法和 CAD 的应用 [J]. 非金属矿, 1988 (2): 9 – 15.

[138] 杨庆, 廖国华. 峨口铁矿台阶边坡稳定性的离散元分析 [J]. 矿冶工程, 1990, 10 (4): 13 – 15.

[139] 陶连金, 邢纪波, 宋广录. II级老顶采场上覆岩层运动的离散元模拟 [J]. 矿山压力与顶板管理, 1993 (Z1): 38 – 40.

[140] 尚岳全, 陈明东. 长江三峡磨子湾滑坡形成过程的离散元模拟 [J]. 自然灾害学报, 1994, 3 (1): 84 – 87.

[141] 古全忠, 史元伟, 齐庆新. 放顶煤采场顶板运动规律的研究 [J]. 煤炭学报, 1996, 21 (1): 45 – 50.

[142] 陶连金, 张倬元, 傅小敏. 在地震载荷作用下的节理岩体地下洞室围岩稳定性分析 [J]. 中国地质灾害与防治学报, 1998, 9 (1): 33 – 41.

[143] 周健, 屈俊童, 贾敏才. 混凝土框架倒塌全过程的颗粒流数值模拟 [J]. 地震研究, 2005, 28 (03): 288 – 293.

[144] 焦红光, 刘鹏, 马娇, 等. 筛分作业离散元模拟程序的开发及应用 [J]. 河南理工大学学报 (自然科学版), 2008, 27 (6): 711 – 715.

[145] 王桂锋, 童昕, 陈艳华, 等. 基于 DEM 的振动筛筛分参数对筛分效率影响的研

究［J］.矿山机械，2010，38（15）：102－106.

［146］刘君，胡宏.砂土地基锚板基础抗拔承载力 PFC 数值分析［J］.计算力学学报，2013，30（5）：677－682.

［147］刘彩花，焦国太，韩晶，等.基于 EDEM 的带槽弹体排屑性能的数值模拟与分析［J］.科学技术与工程，2014，14（32）：206－210.

［148］范召，胡国明，方自强，等.水平螺旋输送机性能的离散元法仿真分析［J］.煤矿机械，2014，35（11）：89－91.

［149］孙新坡，何思明，于忆骅.基于离散元法崩塌体动力破碎分析［J］.浙江工业大学学报，2015，43（8）：464－467.

［150］胡陈枢，罗坤，樊建人，等.滚筒内二组元颗粒混合与分离的数值模拟［J］.工程热物理学报，2015，36（9）：1947－1951.

［151］朱志澄，宋鸿林.构造地质学［M］.北京：中国地质大学出版社，2002：1－25.

［152］司垒.采煤机智能控制关键技术研究［D］.徐州：中国矿业大学，2015：10－21.

［153］赵宁，童敏明，张丹，等.钻式采煤机截割煤岩原理及力学分析［J］.煤矿机械，2015，36（9）：117－119.

［154］李晓豁，李婷，焦丽，等.滚筒采煤机截割载荷的模拟系统开发及其模拟［J］.煤炭学报，2016，41（2）：502－506.

［155］赵丽娟，田震，郭辰光.矿用截齿失效形式及对策［J］.金属热处理，2015，40（6）：194－198.

［156］刘春生，于信伟，任昌玉.滚筒式采煤机工作机构［M］.哈尔滨：哈尔滨工程大学出版社，2010：2－9.

［157］田震，荆双喜，赵丽娟，等.薄煤层采煤机螺旋滚筒截割性能研究［J］.河南理工大学学报（自然科学版），2020，39（2）：80－84，109.

［158］田震，荆双喜，赵丽娟，等.采煤机噪声与振动特性研究［J］.工矿自动化，2019，45（3）：23－28.

［159］赵丽娟，田震，刘旭南，等.薄煤层采煤机滚筒载荷特性仿真分析［J］.系统仿真学报，2015，27（12）：3102－3108.

［160］王传礼，王鸿萍.新型螺旋滚筒装煤性能的理论研究［J］.煤矿机械，2001（2）：15－17.

［161］赵丽娟，田震.薄煤层采煤机振动特性研究［J］.振动与冲击，2015，34（1）：195－199.

［162］高晓旭，徐衍振，王雷.薄煤层采煤机结构特点及装煤效果分析［J］.煤矿机械，2012，33（1）：224－226.

［163］王传礼，刘峥.滚筒转向对装煤性能影响的实验研究［J］.淮南矿业学院学报，1997，17（12）：37－41.

[164] 丁飞. 采煤机工作机构 CAD 及薄煤层小直径滚筒装煤性能的研究 [D]. 阜新：辽宁工程技术大学，2003.

[165] 郝好山，胡仁喜，康士廷，等. ANSYS12.0/LS-DYNA 非线性有限元分析从入门到精通 [M]. 北京：机械工业出版社，2010.

[166] 何涛，杨竞，金鑫. ANSYS10.0/LS-DYNA 非线性有限元分析实例指导教程 [M]. 北京：机械工业出版社，2007.

[167] 李裕春，时党勇，赵远. ANSYS10.0/LS-DYNA 基础理论与工程实践 [M]. 北京：中国水利水电出版社，2006.

[168] 田震，赵丽娟，张建军，等. 复杂煤层赋存条件下螺旋滚筒力学行为研究 [J]. 机械科学与技术，2019，38（7）：1041 - 1047.

[169] 白金泽. LS-DYNA3D 理论基础与实例分析 [M]. 北京：科学出版社，2005.

[170] 赵海鸥. LS-DYNA 动力分析指南 [M]. 北京：兵器工业出版社，2003.

[171] 田震，赵丽娟，周文潮，等. 离散元技术在螺旋滚筒装煤性能研究中的应用 [J]. 煤炭科学技术，2018，46（8）：135 - 139.

[172] 田震，赵丽娟，刘旭南，等. 基于离散元法的螺旋滚筒装煤性能研究 [J]. 煤炭学报，2017，42（10）：2758 - 2764.

[173] 赵啦啦. 振动筛分过程的三维离散元法模拟研究 [D]. 徐州：中国矿业大学，2010.

[174] 田震，荆双喜，赵丽娟，等. 基于离散单元法的刨煤机刨削性能分析及试验研究 [J]. 振动与冲击，2020，39（10）：261 - 268.

[175] 陈阳，胡志超，吴惠昌，等. 基于 EDEM 的单粒式谷物水分仪采样机构仿真研究 [J]. 农机化研究，2016，38（7）：239 - 244.

[176] 田震，高珊，赵丽娟，等. 多因素影响下的螺旋滚筒装煤性能研究 [J]. 河南理工大学学报（自然科学版），2018，37（6）：108 - 112.

[177] 田震，高珊，赵丽娟，等. 影响螺旋滚筒装煤性能的因素分析 [J]. 制造业自动化，2018，40（8）：48 - 52.

[178] 刘送永. 采煤机滚筒截割性能及截割系统动力学研究 [D]. 徐州：中国矿业大学，2009.

[179] 李贵轩，李晓豁. 采煤机械设计 [M]. 沈阳：辽宁大学出版社，1994：7 - 8.

[180] 田震，荆双喜，赵丽娟，等. 随机载荷作用下刨煤机刀座动态特性及疲劳寿命分析 [J]. 机械强度，2020，42（2）：464 - 468.

[181] 刘旭南. 基于虚拟样机技术的采煤机建模与仿真研究 [D]. 阜新：辽宁工程技术大学，2010.

[182] 赵丽娟，田震. 薄煤层采煤机截割部动态特性仿真研究 [J]. 机械科学与技术，2014，33（9）：1329 - 1334.

［183］赵丽娟，田震，孙影，等．纵轴式掘进机振动特性研究［J］.振动与冲击，2013，32（11）：17－20.

［184］周建龙．重型掘进机截割部振动特性的研究［D］.阜新：辽宁工程技术大学，2010.

［185］赵丽娟，田震．采煤机截割部工作稳定性研究［J］.机械传动，2012，36（7）：14－16.

［186］田震，荆双喜，赵丽娟，等．基于粒子群优化 BP 神经网络的采煤机可靠性预测［J］.河南理工大学学报（自然科学版），2020，39（1）：68－74.

［187］吴波，熙鹏．带有凹槽结构活塞裙部的正交试验［J］.北京工业大学学报，2014，40（12）：1770－1775.

［188］赵丽娟，刘旭南，孙强．基于 VPANNs 的掘进机回转台可靠性分析［J］.中国机械工程，2014，25（5）：602－607.

［189］高娓．基于神经网络的机械零件可靠性稳健设计［D］.沈阳：东北大学，2007：9－30.